现代园林绿化实用技术丛书

XIANDAI YUANLIN LÜHUA SHIYONG JISHU CONGSHU

植物配置与造景技术

何 桥 主编

杨小云 李秀芝 副主编

ZHIWU PEIZHI YU ZAOJING JISHU

化学工业出版社

·北京·

本书是现代园林绿化实用技术丛书之一，以园林企业岗位需求为目标，培养城市园林绿地的植物配置与造景能力。针对我国目前植物配置与造景中存在的问题和今后的发展方向，对植物配置与造景下了新的定义，明确了植物配置的基本原则，阐述了植物配置的生态学原理和植物造景的形式美原理，本书主要包括植物配置与造景基础、建筑绿地植物配置及其造景、道路绿地植物配置及其造景、滨水景观绿地植物配置及其造景、植物与小品配置及其造景、植物与石景配置及其造景、立体绿化配置及其造景七个方面的内容，重点介绍各类园林植物和环境的植物配置与造景的方法和技巧。

本书可作为高职高专院校、本科院校、五年制高职、成人教育的园林技术、园艺技术、城市规划、环境艺术、物业管理及相关专业学生的植物配置与造景设计用书，也可作为从事园林绿化相关工作人员的参考书。

图书在版编目（CIP）数据

植物配置与造景技术/何桥主编．—北京：化学工业出版社，2015.1（2024.2重印）
（现代园林绿化实用技术丛书）
ISBN 978-7-122-22526-9

Ⅰ.①植… Ⅱ.①何… Ⅲ.①园林植物-景观设计
Ⅳ.①TU986.2

中国版本图书馆CIP数据核字（2014）第293315号

责任编辑：漆艳萍　　　　装帧设计：孙远博
责任校对：宋　玮

出版发行：化学工业出版社
（北京市东城区青年湖南街13号　邮政编码100011）
印　　装：北京七彩京通数码快印有限公司
850mm×1168mm　1/32　印张9　字数229千字
2024年2月北京第1版第11次印刷

购书咨询：010-64518888
售后服务：010-64518899
网　　址：http://www.cip.com.cn
凡购买本书，如有缺损质量问题，本社销售中心负责调换。

定　　价：29.80元

编写人员名单

主　编　何　桥

副主编　杨小云　李秀芝

参　编　谢金璇　奚　成　张华涛　刘鸿翔

吴晓婕　李春明

前言

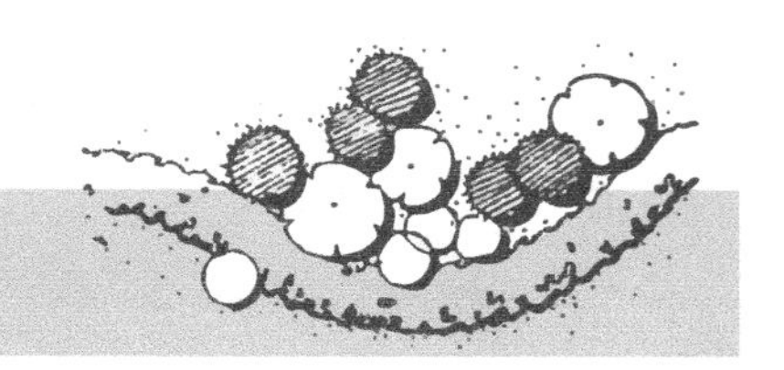

保护地球、保护人类成了当前乃至今后经济发展的先决条件，植物造景随之而成为景观设计的主旋律，园林的主要构成要素就是植物，园林绿化的主要任务也就是植物配置与造景。为适应社会对园林人才需求的变化，各高校在园林、园艺、城市规划、景观设计、物业管理等专业都开设了园林规划设计课程，植物配置与造景就包含在这门课程之中。但园林规划设计包罗万象，涉及的内容很多，植物配置与造景在园林规划设计课程中所占的比例毕竟有限，涵盖不了它所应有的内容，而它本身又是园林绿化岗位最主要的核心内容，因此部分农林高校在园林、园艺及相关专业设置了植物配置与造景选修课。但目前这门课的教材很少，与之相关的书籍也不多。本书就是应高职高专人才培养模式转变及教学方法改革之需要而编写的。

本书内容的选择和排序依据园林绿化职业岗位群的需要。首先以植物配置与造景概念作导引，然后顺理成章地明确提出了植物配置的基本原则，阐述了植物配置的生态学原理和植物造景的形式美原理，着重于各类植物的配置与造景，道路、广场、建筑、水体和山体等园林构成要素的植物配置与造景，实践性较强。

本书采用通俗易懂的表达方式，特别是运用大量的平面图和透视图来对植物景观营造的理论知识进行系统性的阐述，图文并茂，简练直观，深入浅出，以细致地表达植物配置的造景艺术，从而使植物造景基础知识的学习及应用更加简便，以尽快提高广大景观设计者及园林工作者的植物造景水平。

由于编者水平有限，加之成书时间比较仓促，书中疏漏之处在所难免，希望各位专家与同行批评指正。

编 者

目录

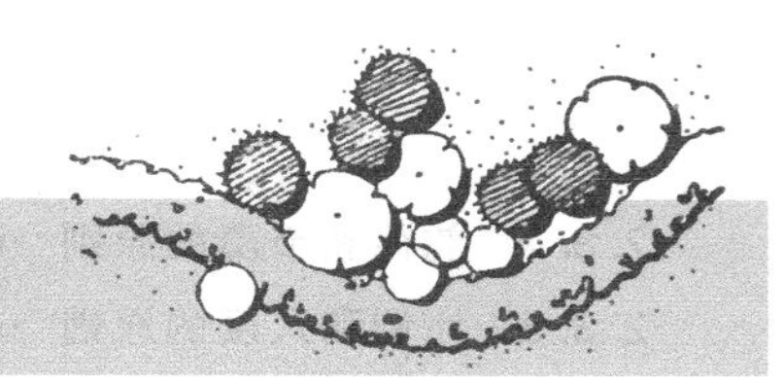

第1章 绪 论

园林植物景观的营造，是在满足植物对各种生态因子需要的基础上，充分发挥乔木、灌木、草本植物以及藤本植物等素材本身的形体、线条、色彩、质感等方面的形态特征。通过艺术手法进行合理的配置，创造与周围环境相适应、相协调并表达一定意境、具有一定功能的艺术空间。

园林植物配置，主要是利用植物并结合其他素材，在发挥园林综合功能的需要、满足植物生态习性及符合园林艺术审美要求的基础上，采用不同的构图形式组成不同的园林空间，创造出各式园林景观以满足人们观赏、游憩及发挥生态功能的需要。植物是营造园林景观的主要素材，即使是在城市景观设计中，植物配置也占有重要的地位。成为景观设计的重要组成部分。园林景观能否达到美观、实用、经济的效果，很大程度上取决于园林植物的合理配置，才能组成相对稳定的人工栽培群落，创作出赏心悦目的园林景观。

园林植物配置的内容主要包括两个方面：一是各种植物相互间的配置，考虑植物种类的选择与组合，平面和立面的构图、色彩、季相以及园林意境；二是植物与其他园林要素（如山石、水体、建筑、园路、小品等）之间的搭配。随着环境建设的发展和人们审美意识的不断提高，现代园林植物配置更加注重植物材料的开发和优化利用。植物景观的营造不仅作为人们单一审美情趣的反映，而是兼备了生态、文化、艺术、生产等多种功能的园林景观创造。研究并提炼传统园林景观的植物配置理论，结合先进的园林设计理论的发展，创造出满足现代人生活、审美需求且具有时代特色的植物景观，对于我们每个园林工作者来说都是责无旁贷的。

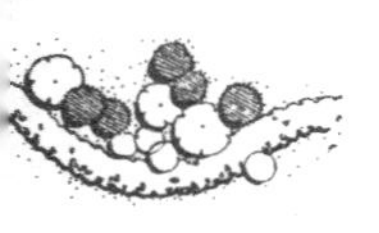

1.1 植物配置在景观设计中的作用

1.1.1 园林植物的景观作用

随着社会经济的快速发展，人们生活水平不断改善，对于自身生活环境的要求也日益提高。但是在现代城市中，人口膨胀、建筑楼群密集、城市下垫面的改变等导致“热岛效应”的产生并不断加剧，人们开始与自然日渐隔离并使得生态平衡逐渐失调，因此人们对绿色空间更加向往。园林植物的大量应用，是改善人类的生活环境的根本措施之一。和谐、科学地营造园林植物景观的重要目的正是为了促进人类社会的可持续发展，满足构建社会主义和谐社会的需要。在现代景观设计中，重视园林植物造景的呼声日益高涨，其在同林景观设计中的主体地位也越来越明显。

园林植物种类繁多，形态各异，在生长发育过程中呈现出鲜明的季相变化，这些特点为营造丰富多彩的同林景观提供了良好的条件。园林植物在园林景观营造中有以下几个方面的重要作用。

1.1.1.1 表现时序景观

在景观设计中，植物不但是“绿化”的元素，还是万紫千红的渲染手段。随着时间的推移和季节的变化，植物自身经历了生长、发育、成熟的生命周期，表现出发芽、展叶、开花、结果、落叶以及植株由小到大的生理及形态变化过程，形成了叶色、叶型、花貌、色彩、芳香、枝干、姿态等一系列色彩和形象上的变化。每种植物或植物的组合都有与之对应的季相特征，在一个或几个季节里总是特别突出，为人们带来了最美的空间感受，如春季繁花似锦、夏季绿树成荫、秋季硕果累累、冬季枝干遒劲。这种盛衰荣枯的生命规律为创造四季演变的时序景观提供了有利条件（图 1-1)。把具有不同季相的植物搭配种植，使得同一地点在不同时期具备不同的景观效果，能给人以不同感受的时令变化。

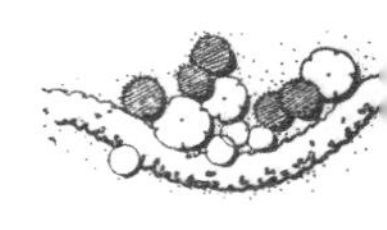

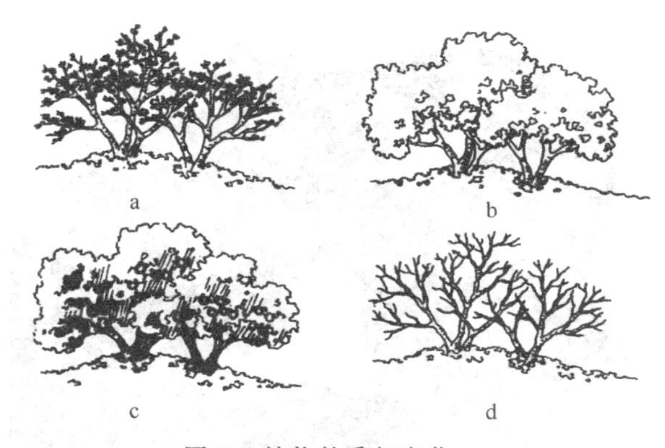

图 1-1 植物的季相变化

a—春；b—夏；c—秋；d—冬

1.1.1.2 形成空间变化

在空间上，植物本身是一个三维实体，是园林景观营造中组成空间结构的主要成分。植物就像建筑、山水一样，具有构成空间、分隔空间、引起空间变化的功能。植物造景可以通过人们视点、视线、视境的改变而产生“步移景异”的空间景观变化。图 1-2 是某居住区公园景观设计总平面图，此绿地空间变化丰富，道路曲折有致，植物种植形式多样，可以看出随着园林空间和园路路线的变化，结合多变的植物造景形式，呈现出多种从半开敞空间、开敞空间到封闭空间的不同类型休闲空间的植物景观效果。例如，入口区是半开敞空间的一个典型实例（图 1-3、图 1-4）；而楼间的规则式树阵广场，在生长季节为覆盖空间，乔木落叶后就变成了半开敞空间。

一般来说，园林植物构成的景观空间可以分为以下几类。

（1）开敞空间　开敞空间是指在一定区域内人的视线高于四周景物的植物空间，开敞空间内一般只种植低矮的灌木、地被植物、草本花卉、草坪等。在较大面积的开阔草坪上，除了低矮的植物以外，如果散点种植几株高大乔木，并不阻碍人们的视线，这样的空间也称得上开敞空间（图 1-5）。开敞空间在开放式绿地、城市公园

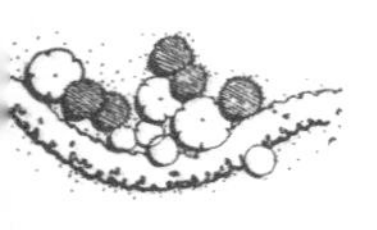

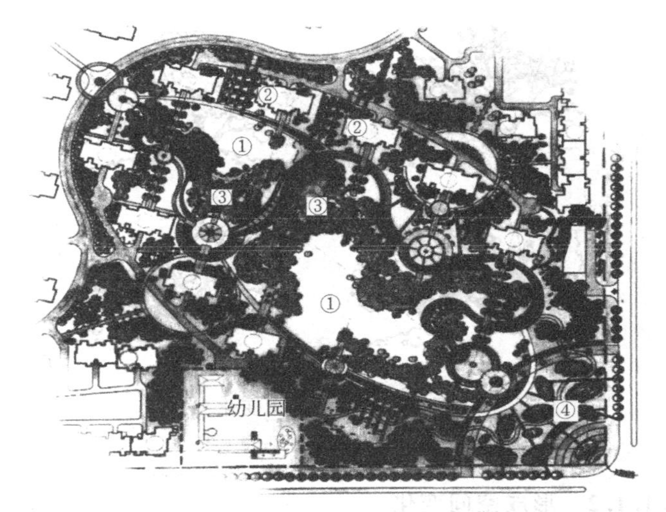

图 1-2　植物景观空间丰富的某居住区公园的平面布置

① 开敞空间；② 覆盖式半开敞空间；③ 封闭空间；④ 半开敞空间

图 1-3　入口区景观设计立面效果

图 1-4　入口区景观设计透视效果

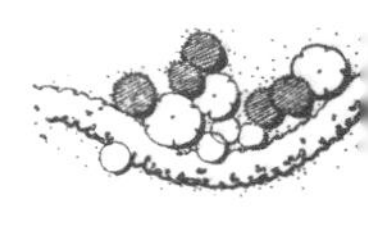

图 1-5　开敞空间透视效果

等园林类型中非常多见，像大草坪、开阔水面等，其视线通透、视野辽阔，容易让人心胸开阔，心情舒畅，产生轻松、自由的满足感。根据功能和设计的需要，开敞空间的尺度可以相应的变化。如在小型庭院中，虽然尺度较小，视距较短，四周的围墙和建筑高于视线，但采用疏密有致的种植形式，仍然能够形成有效的开敞空间（图 1-6）。

图 1-6　小型庭院开敞空间透视图

（2）半开敞空间　半开敞空间是指在一定区域范围内，周围并不完全开敞，而是有部分视角被植物遮挡起来的功能空间。从一个开敞空间到封闭空间的过渡就是半开敞空间，它可以由植物单独形成，也可以借助地形、山石、小品等园林要素与植物配置共同完成。半开敞空间的封闭面能够抑制人们的视线，从而引导空间的方向，达到“欲扬先抑”的效果。如从一个区域进入另一个区域，设计师经常会采用这种手法，在开敞的入口某一朝向用植物来阻挡人们的视线，使人们一眼难以望到尽头，待人们绕过障景物，进入另一个区域就会豁然开朗，心情愉悦（图 1-7～图 1-10）。

（3）封闭空间　封闭空间是指某特定的区域范围用植物材料封

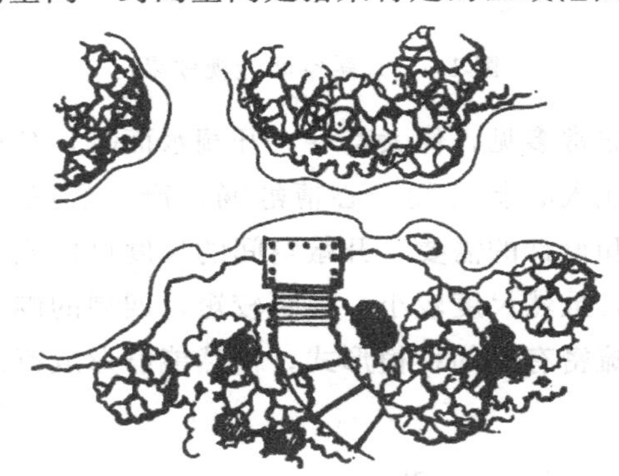

图 1-7　半开敞空间平面布置之一

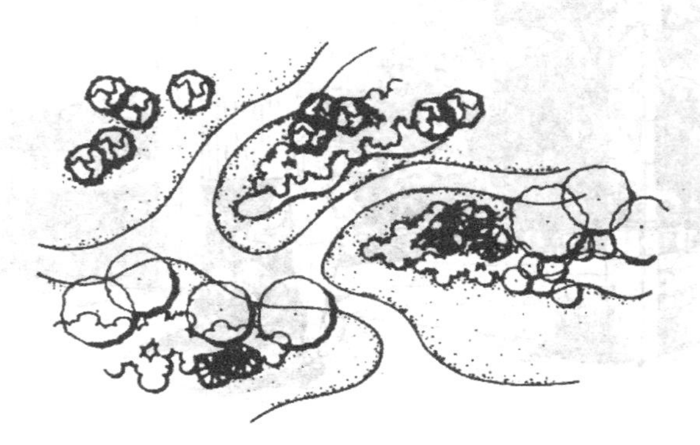

图 1-8　半开敞空间平面布置之二

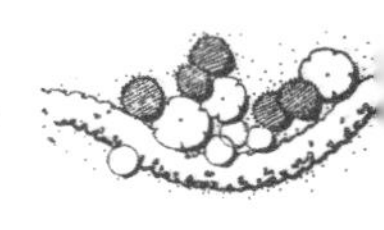

图 1-9 半开敞空间透视效果之一

图 1-10 半开敞空间透视效果之二

闭或遮挡起来的景观空间。在此空间内人的视距缩短，视线受到制约，近景的感染力加强，容易产生亲切感和宁静感。在园林绿地中，这种小尺度的空间私密性较强，适合人们独处或安静休憩。封闭空间按照封闭形式的不同又可分为覆盖空间和垂直空间。

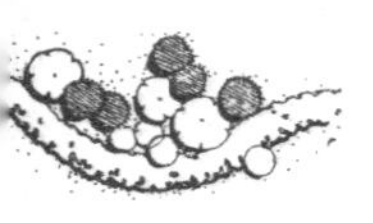

覆盖空间通常位于树冠下与地面之间，通过植物树干的高分枝点，用浓密的树冠来形成空间感。高大的乔木是形成覆盖空间的良好材料，此类植物分枝点较高，树冠庞大，具有很好的遮阴效果，且树干占据的空间较小，所以无论是几棵还是成片的树群都能够为人们提供较大的活动空间和遮阴休息区域（图 1-11、图 1-12）。此

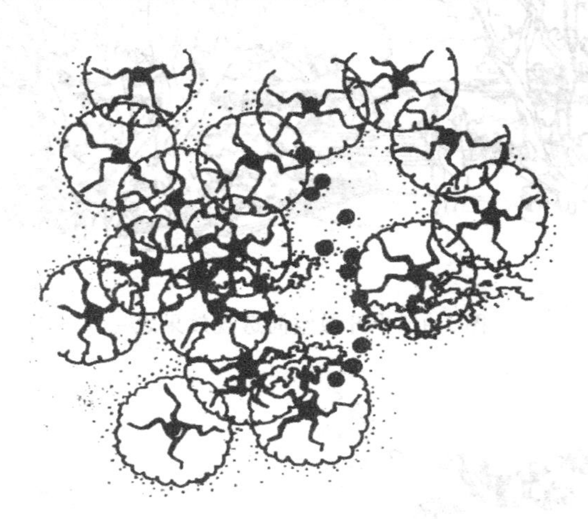

图 1-11　覆盖空间平面布置

图 1-12　覆盖空间透视效果之一

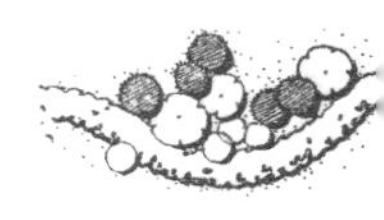

图 1-13 覆盖空间透视效果之二

图 1-14 覆盖空间透视效果之三

外，攀缘植物利用花架、拱门、木廊等攀附在其上生长，也能够形成有效的覆盖空间（图 1-13、图 1-14）。

用植物封闭垂直面，开敞顶平面，就构成了垂直空间。那些分枝点较低、树冠紧凑的乔木形成的树列以及修剪整齐的高树篱都可

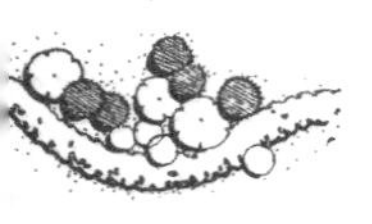

以构成垂直空间。由于垂直空间两侧几乎完全封闭，视线的上部和前方较开敞，很容易产生“夹景”的效果，能够突出轴线顶端的景观。狭长的垂直空间可以凸显前方优美景物并加深空间感，引导游人的行走路线，对空间两侧也起到了遮挡不雅景观的作用（图 1-15）。另外，在纪念性园林中，园路或中轴线两侧常常栽植高大乔木及常绿松柏类植物，中间形成开敞的垂直空间，能够极好地烘托尽端的高大纪念碑，产生庄严、肃穆的崇敬感（图 1-16）。

图 1-15　垂直空间透视效果之一

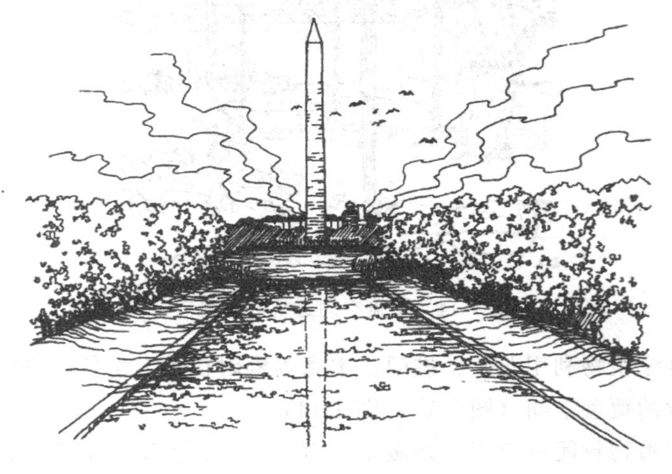

图 1-16　垂直空间透视效果之二

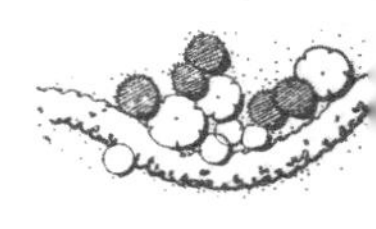

（4）动态空间　动态空间是指随植物的季相变化和植物生长形态变化而变化的空间。植物景观的空间分类不可能离开时间这个概念，也就是说它不可能离开春夏秋冬的季相变化和年复一年的年际变化。

植物季相的变化，极大地丰富了园林景观的动态空间构成，也为人们提供了各种可选择的空间类型。季相变化最大的就是植物的形态，它影响了一系列的空间变化序列。例如，林荫广场在春夏季节鲜花烂漫、浓荫匝地，是一个典型的封闭覆盖空间；秋季落叶后就变成了一个半开敞空间，温暖的阳光能够穿过枝条照射到地面上，从而形成冬暖夏凉的小气候，满足人们在树下活动的需要（图1-17、图1-18）。另外，不同的树种从幼年到青年到成年的过程中，树的姿态都会有所变化，可能会经历从开敞空间、半开敞空间和封闭空间的动态发展过程。因此，在进行植物配置的时候，应充分考虑不同季节和不同时期植物所呈现的不同景观效果（图1-19）。

1.1.1.3　创造观赏景点

园林植物作为营造景观的主要材料，其本身就具有独特的姿态、色彩及风韵之美。不同的园林植物形态各异，变化万千，既可

图1-17　动态空间透视效果之一

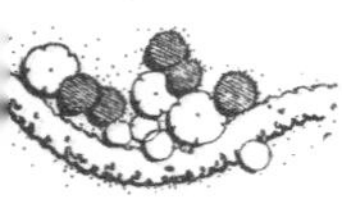

图 1-18　动态空间透视效果之二

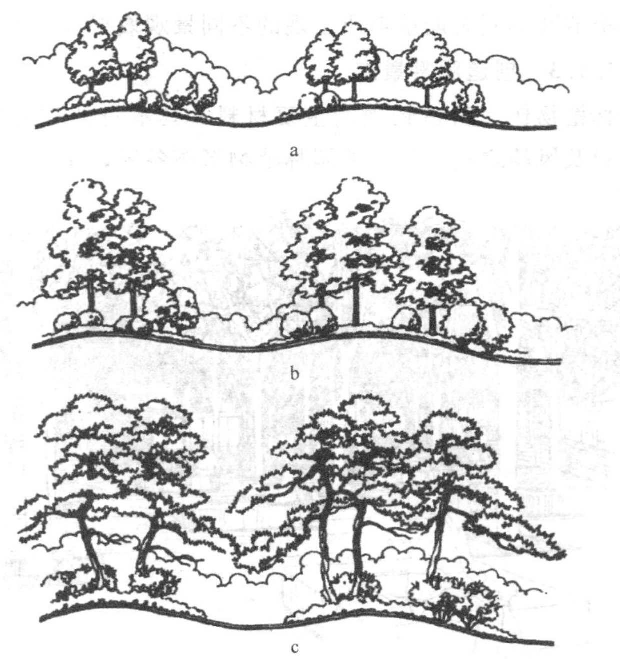
a

b

c

图 1-19　动态空间变化的立面效果

a—开敞空间；b—半开敞空间；c—封闭空间

以孤植来展示植物的个体之美；又能按照一定的构图方式进行配置以表现植物的群体之美；还可根据各自生态习性进行合理安排，巧妙搭配，营造出乔木、灌木、藤本、草本植物相结合的群落景观。园林乔木是构成园林植物景观的主要元素，如银杏、毛白杨等树干通直，气势雄伟；老年油松、侧柏等曲虬苍劲，质朴古拙；铅笔柏、圆柏则亭亭玉立。秋季变色叶树种（如枫香、乌桕、黄栌等）大片种植可形成层林尽染的景观；许多观果树种如海棠、山楂、石榴、柿树等，其累累硕果可以呈现一派丰收景象。这些树木孤立栽培或者群植，皆可构成园林主景（图1-20）。

图1-20 乔木配置透视效果

园林灌木或者具有美丽的花朵，或者具备怡人的树形，在园林植物景观中也具有不可或缺的地位。灌木往往以丛植为主，以充分表现群体美的观赏特性，如成片种植榆叶梅、连翘、紫荆、杜鹃等，在春季的盛花期会形成绚烂的花海，具有极强的视觉冲击力。在小空间的绿化中，利用多种灌木搭配栽植，能够形成尺度适宜、层次丰富的植物景观（图1-21）。同时，将许多观赏价值较高的灌木（如紫薇、碧桃、西府海棠、金凤花等）作为孤植树也极为优雅。

藤本植物在园林设计中具有独特的作用。它们一是能够作为攀缘植物美化墙垣、坡面、山石等形成立体的植物景观（图1-22）；

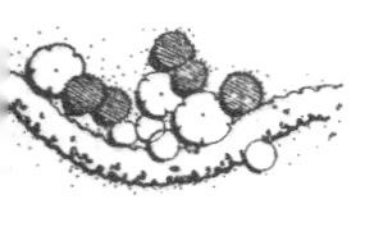

图 1-21 灌木配置透视效果

图 1-22 藤本植物配置透视效果（智利圣地亚哥富恩萨利达住宅）

二是能够攀爬廊架、花架等并与之结合形成独立的景致；三是可以作为地被植物进行应用形成地被植物景观。

色彩缤纷的草本花卉更是创造观赏景观的好材料，由于花卉种类繁多、色彩丰富、株型不一，因此在园林中应用十分普遍，形式也多种多样。草本花卉既可露地栽植，组成花境，又能盆栽摆放组成花坛、花带，或采用各种形式的种植容器栽植，点缀不同区域的

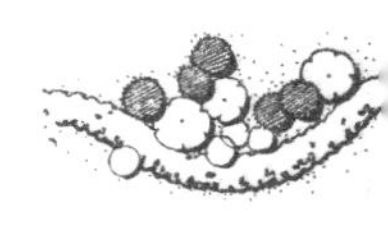

图 1-23 草本花卉配置透视效果

城市环境，创造赏心悦目的主题园林景观，以烘托喜庆气氛，装点人们的生活（图 1-23）。

许多园林植物芳香宜人，能使人产生愉悦的感受，如桂花、腊梅、白兰花、茉莉、丁香、月季等具香味的园林植物种类繁多。在园林景观设计中既可利用各种香花植物进行集中配置，营造成“芳香园”景观，也可单独种植成专类园，如丁香园、月季园。另外，还可在人们经常活动的区域（如盛夏夜晚纳凉场所）附近种植茉莉花、晚香玉、薰衣草等植物，微风送香，沁人心脾（图 1-24）。

另外，还有许多具有奇特观赏特征的植物，如观果、观花、观叶、观干或观枝的植物，都可以群植、丛植或孤植栽培观赏，形成独特的园林植物景点（图 1-25）。

1.1.1.4 利用园林植物形成地域景观特色

各地气候条件的差异及植物生态习性的不同，使植物的分布呈现一定的地域性，如热带雨林及常绿阔叶林景观、暖温带针阔叶混交林景观等各具特色。不同地域环境形成的不同植物景观，能够减少相似硬质景观给绿地带来的趋同性。各地在漫长的植物栽培和应用观赏过程中，具有地方特色的植物景观还与当地的文化融为一体，甚至有些植物材料逐渐演化为一个国家或地区的象征，如加拿

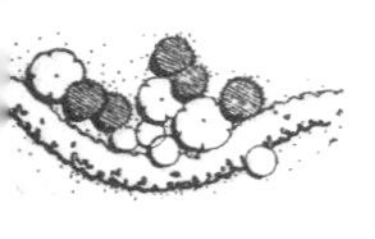

图 1-24　芳香植物配置透视效果

图 1-25　乔木群植透视效果

大的枫叶、日本的樱花等都为世人皆知。运用具有地方特色的植物营造植物景观，对于弘扬地方文化，陶冶人们的情操具有重要意义。例如，北京大量种植国槐和侧柏，云南大理山茶遍野，深圳的叶子花也随处可见，海南的椰子树更是极具热带风光，它们都具有浓郁的地方特色和文化气息。在园林植物景观设计中根据环境气候等条件选择适合生长的植物种类，营造具有典型地方特色的景观，

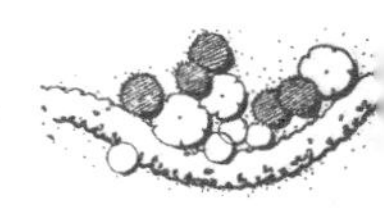

图 1-26 温带冬季植物景观透视效果

图 1-27 热带植物景观透视效果

是世界各地景观多样性的主要原因之一（图 1-26、图 1-27）。

1.1.1.5 利用园林植物进行意境创作

利用园林植物进行意境创作，是中国古典园林的典型造景风格和宝贵的文化遗产。中国植物栽培历史悠久，形成了灿烂的园林文化，很多诗、词、歌、赋中都留下了赞颂植物的优美篇章，并为许多植物材料赋予了人格化的内容，从欣赏植物的形态美升华到欣赏植物的意境美，达到了天人合一的理想境界。图 1-28 为苏州拙政

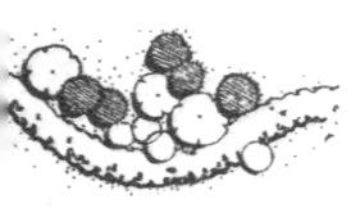

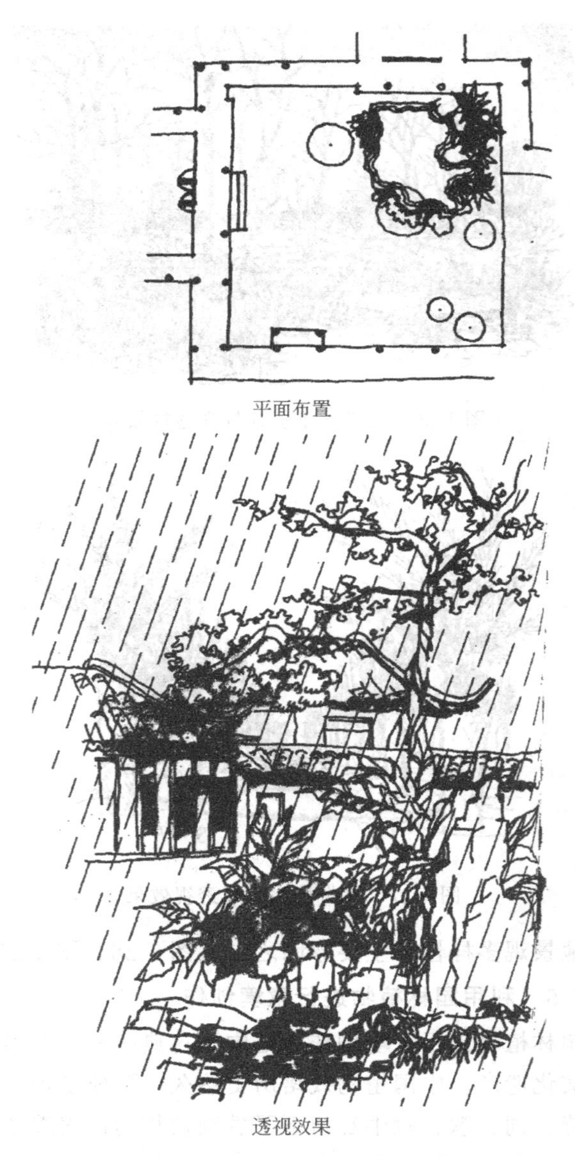

平面布置

透视效果

图 1-28　苏州拙政园听雨轩景区效果图

园听雨轩景区效果图，具有传统韵味的植物景观能够在雨天表现出“雨打芭蕉”的高雅意境。

古典园林景观创造中经常借助植物抒发情怀，寓情于景，情景交融。例如，松苍劲古雅，不畏霜雪严寒的恶劣环境，能在严寒中挺立于高山之巅；梅花不畏寒冷，凌寒傲雪怒放，“遥知不是雪，为有暗香来”；竹则“未曾出土先有节，纵凌云处也虚心”。这三种植物都具有坚贞不屈、高风亮节的品格，被称作“岁寒三友”。此外梅、兰、竹、菊被称为“四君子”；还有兰花生于幽谷，叶姿飘逸，清香淡雅，绿叶幽茂，却没有娇弱的姿态，更没有媚俗之意，在景观营造中将其摆放于室内或植于庭院一角，其意境会非常高雅。在园林植物景观营造中，这些特定而鲜明的意境已经成为多数设计者的共识。

1.1.1.6 利用园林植物起到遮挡作用

园林植物具有优美的自然形态和富有变化的季相特征，它们既可以装饰砖、石、灰、土等建筑物的单调背景，也可以用来遮挡其他不雅景观或不想让游人参观的区域。这种处理手法不仅能提高总体的景观品质，在观赏效果上显得自然活泼，而且高低错落的植物还可以营造含蓄幽静的景观印象，从而有效扩大景观的空间感，增加绿视率，产生其他材料所不能达到的一些独特效果（图1-29）。

1.1.1.7 利用园林植物装点山水、衬托建筑小品等

在堆山、叠石之间以及各类水岸，可以运用园林植物来进行美化，能够有效地衬托和强化山水气息，增加山的灵气和水的秀气，突出这些重点区域的观赏效果（图1-30）。另外，建筑小品等景观元素更需要树木、花草的配置，以产生与自然的和谐联系，形成一个绿色的有机整体。

1.1.2 园林植物的生态作用

城市绿地改善生态环境的作用，主要是通过园林植物的生态效益来实现的。群落化种植的绿地结构复杂、层次丰富、稳定性强且

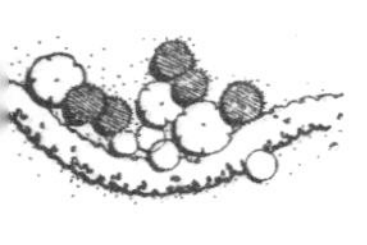

图 1-29　植物景观遮挡透视效果

图 1-30　植物与山石配置透视效果

防风、防尘、降噪、吸收有害气体的能力明显增强。因此，在有限的城市绿地中建设尽可能多的植物群落景观，是改善城市环境、建设生态和谐园林的必由之路。植物对环境的生态作用主要体现在以下几个方面。

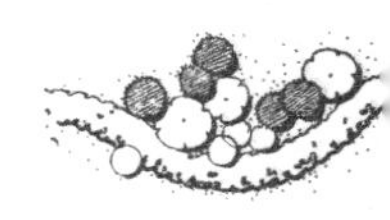

（1）改善气候　在夏季，绿地区域的温度都明显低于无绿地的区域。这是由于绿色植物对阳光直射的阻挡以及蒸腾散热等作用造成的。据测定，在夏季绿化地区内气温较非绿化地区低3～5℃，比建筑物地区低10℃左右。有数据表明，绿地面积每增加1%，城市气温可降低0.1℃。而在冬季，有植被覆盖的区域相比无植被覆盖的区域其温度可增加2～4℃。

（2）净化空气　城市绿地能够有效地净化空气，提高空气质量。一方面，大片的植被能使气流受阻，从而降低风速，使空气中的一些污染物沉降下来；另一方面，植物具有杀菌作用，绿地相对其他区域而言，其含菌量显著降低。据测定，城市建筑物室内空气中含菌率比公园大400倍，比林区大10万倍；林区每立方米大气中有细菌3.5个，而人口稠密的城市可高达3.4万个。

（3）降低噪声　噪声有损人体健康，在城市已成为较为普遍的社会公害。根据测定，40米宽的林带可以减少噪声10～15分贝（dB），而城市公园里成片的树林可使噪声降低26～43分贝（dB）。在没有树木的大街上，噪声要比树木葱郁的大街增加4倍。

（4）保持水土　绿地有致密的地表覆盖层和地下树、草根层，因而有着良好的固土作用。据报道，草类覆盖区泥土流失量只有裸露地区的1/4。据有关部门测算，每亩绿地平均比裸露土地多蓄水20米^{3}左右，由此可推算，千万亩绿地无疑是一座硕大的地下水库。

（5）吸收二氧化碳，制造氧气　人们维持生命所需的氧气，就是绿色植物吸收了空气中的二氧化碳，并通过光合作用释放出来的，因此绿色植物无疑是人类生存的基础。

1.1.3 园林景观的社会作用

人类的生活离不开自然环境，而园林则是模拟自然景观的伟大成果。植物景观的社会作用，首先是为居民提供休憩的空间。建植

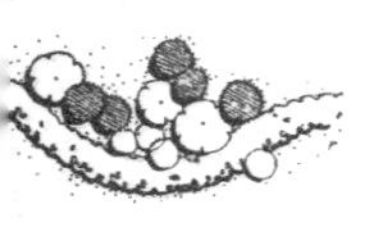

于住宅区、医院、公园、广场等处的绿地，是供人们工作、学习、劳动之余休息和疗养的场所，尤其是占人口20%～30%的60岁以上老人和10岁以下儿童的主要活动场地。

其次，是调节人类生理机能。在现代社会中，由于工作生活节奏加快，人的精神状态高度紧张，因此工作、学习后需要适当放松。而优美的绿化环境和新鲜的空气，可以有效缓解人的精神压力。另外，医学研究证明，绿色环境有利于高血压、神经衰弱、心脏病等病人更快恢复健康。

第三，改善城市面貌和投资环境。一个优美、整洁、绿意盎然的现代城镇，不仅可以改善居民的生活质量，而且绿化建设也体现了一个城市的品位和精神文明程度，从而也有利于改善投资环境。环境改善会提升档次，使城市的发展更有潜力及竞争力。

第四，生态园林绿地使植物景观成为人们走向自然的第一课堂，以其独特的方式启示人们应与自然和谐共处，尊重自然的客观规律。例如，创建知识型植物群落，激发人们探索自然的奥秘；构建保健型植物群落，让人们同植物和睦相处，热爱生活；观赏型植物群落则激发人们爱美、爱环境、保护自然的意识。通过对自然界荣枯变化（生长、开花、凋谢、季节变换）和生命活动（鸟类、小动物等）的接触，还可以促进孩子们的自觉性、创造力、想象力，以及热爱生活和积极进取的精神。

1.1.4 植物景观的经济效益

植物景观的经济效益分为直接经济效益和间接经济效益。直接经济效益主要表现在，城市绿化正在日渐成为社会经济的一个全新的产业体系，其次园林植物本身具有多种可直接利用的经济价值。植物景观的间接经济效益远远大于其直接经济效益，主要体现在释放氧气、提供动物栖息场地、防止水土流失等。据相关部门测算，植物景观的间接经济效益是其直接经济效益的8～16倍。

1.2 园林植物配置的生态学原理

1.2.1 环境因子与植物配置的关系

园林植物与其他事物一样，不能脱离环境而单独存在。环境中的温度、水分、光照、土壤、空气等因子对园林植物的生长和发育产生重要的生态作用。研究各生态因子对植物生长发育的影响是植物配置的前提和基础，在此基础上，考虑功能和艺术性的需要，合理配置植物，才能创造出稳定而优美的生态园林景观。

1.2.1.1 光照对植物的影响及其与植物配置的关系

（1）光照对植物的影响　光是绿色植物的生存条件之一，也正是绿色植物通过光合作用将光能转化为化学能，为地球上的生物提供了生命活动的能源。光对园林植物的影响主要表现在光照强度、日照时间和光质三个方面。

① 光照强度对植物的影响　植物对光强的要求，通常通过光补偿点和光饱和点来表示。光补偿点又叫收支平衡点，就是光合作用所产生的碳水化合物与呼吸作用所消耗的碳水化合物达到动态平衡时的光照强度。在这种情况下，植物不会积累干物质，即光强降低到一定限度时，植物的净光合作用等于零。能测试出每种植物的光补偿点，就可以了解其生长发育的需光度，从而预测植物的生长发育状况及观赏效果。在补偿点以上，随着光照的增强，光合强度逐渐提高，这时光合强度就超过呼吸强度，开始在植物体内积累干物质，但是到一定值后再增加光照强度，则光合强度却不再增加，这种现象叫光饱和现象，这时的光照强度就叫光饱和点。自然界的植物群落组成中，可以看到乔木层、灌木层、地被层，各层植物所处的光照条件都不同，这就是长期适应的结果，也形成了植物对光照的不同习性。根据植物对光照强度的要求，习惯上将植物分成以下三类。

a. 阳性植物　要求较强光照，不耐蔽荫，在全光照下生长良

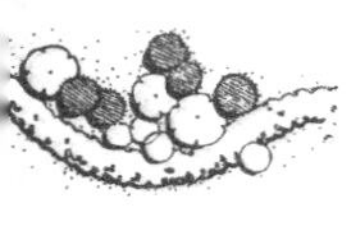

好，否则枝条纤细，叶片黄瘦，花小而淡，开花不良。在自然植物群落中，大多为上层乔木，如落叶松、水杉、臭椿、乌桕、泡桐、木棉、橡皮树、银杏、紫薇、木麻黄、椰子、杨柳、棕榈等，以及一部分灌木和多数一年生、二年生草本植物等（图 1-31）。

图 1-31　阳性植物作为群植树丛的上层结构

b. 阴性植物　多产于热带雨林或高山阴坡及林下，一般需光度为全日照的 5%～20%，不能忍耐过强光照。在自然植物群落中常处于中、下层，或生长在潮湿背阴处，如蕨类、一叶兰、人参、三七、秋海棠等（图 1-32）。

c. 中性植物（耐阴植物）　在充足的阳光下生长最好，但亦有不同程度的耐阴能力，在全光照高温干旱时生长受抑制，如七叶树、五角枫、樱花、八仙花、山茶、杜鹃等。

开花时间也因光照强弱而发生变化，有的要在光照强时开花，如郁金香、酢浆草等；有的需要在光照弱时才开花，如牵牛花、月见草和紫茉莉等。在自然状况下，植物的花期是相对固定的，如果人为地调节光照改变植物的受光时间则可控制花期以满足人们造景的需要。光照强弱还会影响植物茎叶及开花的颜色，冬季在室内生长的植物，茎叶皆是鲜嫩淡绿色，春季移至直射光下，则产生紫红

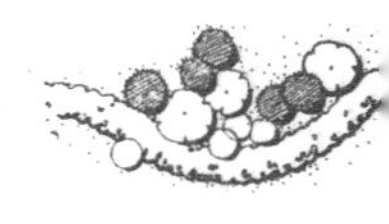

图 1-32 阴性植物作为群植树丛的下层结构

色或棕色色素。

② 日照时间对植物的影响 光周期是一天内白昼和黑夜交替的时数。有些植物开花等现象的发生取决于光周期的长短及其变换，植物对光周期的这种反应称为光周期效应，这种现象称为光周期现象。按植物对日照时间长短需求的不同把植物分为以下三类。

a. 长日照植物 植物在开花以前需要有一段时间，每日的光照时数大于 14 小时的临界时数称为长日照植物。如果满足不了这个条件则植物将仍然处于营养生长阶段而不能开花。反之，日照愈长开花愈早。如唐菖蒲是典型的长日照植物。

b. 短日照植物 在开花前需要一段时期每日的光照时数少于 12 小时的临界时数的称为短日照植物。日照时数愈短则开花愈早，但每日的光照时数不得短于维持生长发育所需的光合作用时间。如一品红和菊花是典型的短日照植物。

c. 中间性植物 对光照与黑暗的长短没有严格的要求，只要发育成熟，无论长日照条件或短日照条件下均能开花。大多数植物属于此类，如月季、扶桑、天竺葵、美人蕉等。

大多数长日照植物发源于高纬度地区，短日照植物发源于低纬

度地区，而中间性植物则各地带均有分布。日照的长短对植物的营养生长和休眠也有重要的作用。一般而言，延长光照时数会促进植物的生长或延长生长期，缩短光照时数则会促进植物进入休眠或缩短生长期。短日照植物置于长日照下，常常长得高大；而把长日照植物置于短日照下，则节间缩短，甚至呈莲座状。光周期对植物的花色性别也有影响。如苎麻属雌雄同株，在 14 小时的长日照下则是仅形成雄花，而在 8 小时的短日照下则形成雌花。

③ 光质对植物的影响　光是太阳的辐射能以电磁波的形式投射到地球的辐射线。其中对植物起着重要作用的部分主要是可见光，但紫外线和红外线部分对植物也有作用。一般而言植物在全光范围，即在白光下才能正常生长发育，但是白光中的不同波长对植物的作用是不完全相同的。如青、蓝、紫光对植物的加长生长有抑制作用，对幼芽的形成细胞的分化有重要作用，它们还能抑制植物体内某些生长激素的形成，因而抑制了茎的伸长，并产生向光性；它们还能促进花青素的形成，能使花朵色彩更加艳丽，秋色叶树种叶色更加鲜艳。

（2）光照与植物配置的关系

① 划分植物的耐阴等级，为植物配置提供依据　植物配置时，只有通过对各种植物的耐阴程度进行了解，才能在顺应自然的基础上进行科学配置，组成既美观又稳定的人工群落。目前，根据经验来判断植物的耐阴性是植物配置的惯用手段，但极不精确，因此很有必要把园林中的常用植物都在不同光照强度下进行一下生长发育、光合强度及光补偿点的测定，并根据数据来划分其耐阴等级。同时要注意，植物的耐阴性是相对的，其喜光程度与纬度、气候、土壤、年龄等条件有密切关系。

② 园林植物耐阴性在植物配置与造景中的应用　在植物配置与造景时，对温度、水分、土壤因子都可以通过适地适树以及加强管理、换土等措施来满足和控制，而植物的耐阴性，只有通过对其耐阴幅度的了解，才能在顺应自然的基础上，科学地配置。比如杜

鹃宜植于林缘、孤立树的树冠正投影边缘或上层乔木枝下高较高、枝叶稀疏、密度不大的地方；山茶花植于白玉兰树下，则花、叶均茂，早春红、白花朵相继而开；垂丝海棠植于桂花丛中、香樟树下及建筑物北面均开花茂盛。

另外，在园林实践中，也有通过调节光照来控制花期以满足造景需要，例如：一品红为短日照植物，正常花期在12月中、下旬，为了使其在“十一”开花，一般在8月上旬就开始进行遮光处理，每天见光8～10小时，可以用来在国庆布置花坛、美化街道以及各种场合造景。

1.2.1.2 温度对植物的影响及其与植物配置的关系

(1) 温度对植物的影响　温度的变化直接影响着植物的光合作用、呼吸作用、蒸腾作用等生理作用。每种植物的生长都有最低、最适、最高温度，称为温度的三基点。一般，植物生长的温度范围为4～36℃。

① 温度与植物的分布　各种植物的遗传性不同，对温度的适应能力有很大差异，因此温度因子影响了植物的生长发育，从而限制了植物的分布范围。我国南北气温变化大，气候带多样，主要分布的植物景观有：寒温带针叶林景观（图1-33），温带针阔叶混交林景观，暖温带落叶阔叶林景观，亚热带常绿阔叶林景观，热带雨林景观（图1-34）。

② 温度与植物的生长发育　植物对昼夜温度变化的适应性称为“温周期”，植物的温周期特性与植物的遗传性和原产地日温变化的特性有关。一般而言，原产于大陆性气候地区的植物在日变幅为10～15℃条件下生长发育最好，原产于海洋性气候区的植物在日变幅为5～10℃条件下生长发育最好，一些热带植物能在日变幅很小的条件下生长发育良好。

温度对园林植物开花的影响首先表现在花芽分化方面。例如，水仙花芽分化的最适温度为13～14℃，而花芽伸长的最适温度为9℃左右。此外，温度对花色也有一定的影响，其原因是花青素的

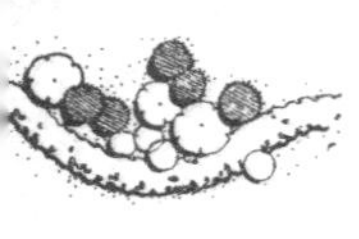

图 1-33　寒温带针叶林景观

图 1-34　热带雨林景观

形成与积累受温度的控制，温度适宜时，花色艳丽，反之则暗淡。如在矮牵牛蓝和白的复色品种中，在 30～35℃高温下，花瓣完全呈蓝色或紫色；而在 15℃时则呈白色；在上述两者之间的温度范围，就显蓝和白的复色花。

③ 园林植物对温度的调节作用

a. 园林植物的遮阴作用　夏季在有植物遮阴的区域，绿化状况好的绿地中的气温比没有绿化地区的气温要低 3～5℃，较建筑物下甚至低约 10℃。

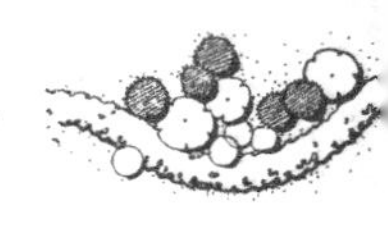

b. 园林植物群落对营造局部小气候的作用　城市夏天，由于各种建筑物的吸热作用，使得气温较高；而绿地内，特别是结构比较复杂的植物群落或片林，由于树冠反射和吸收等作用，使内部气温较低。冬季绿地的温度要比没有绿化的地面高出1℃左右，冬季有林区比无林区的气温要高出2～4℃。因此，森林不仅稳定气温和减轻气温变幅，还可以减轻类似日灼和霜冻等危害。

c. 园林植物对热岛效应的消除作用　增加园林绿地面积能减少甚至消除热岛效应。据统计，1公顷的绿地，在夏季（典型的天气条件下），可以从环境中吸收81.8兆焦耳的热量，相当于189台空调机全天工作的制冷效果。

(2) 温度与植物配置的关系　我国地大物博，各地温度和物候差异很大，所以植物景观变化很大。这就造就了各地特色的植物景观。在园林植物配置与造景时，应尽量顺应当地温度条件，应用适合本地温度条件的植物种类，提倡应用乡土树种，控制南树北移、北树南移，或经栽培试验可行后再用。如椰子在海南岛南部生长旺盛，硕果累累，到了北部则果实变小，产量显著降低，在广州不仅不结实，甚至还有冻害；又如凤凰木原产于热带非洲，在当地生长十分旺盛，花期先于叶开放，引至海南岛南部，花期明显缩短，有花叶同放现象，引至广州，大多变成先叶后花，花的数量明显减少，甚至只有叶片而不开花，大大影响了景观效果。

1.2.1.3　水分对植物的影响及其与植物配置的关系

水分是植物体的重要组成成分，无论是植物对营养物质的吸收和运输，还是植物体内进行的一系列生理生化反应，都必须在水分的参与下才能进行。水也是影响植物形态结构、生长发育等的重要生态因子。水分对植物的影响体现在两个方面：一个是空气湿度；另一个是土壤水分。

(1) 空气湿度与植物景观　空气湿度对植物生长起很大的作用。在自然界，在云雾缭绕、高海拔的山上，有着千姿百态、万紫千红的观赏植物，它们长在岩壁上、石缝中，或附坐于其他植物

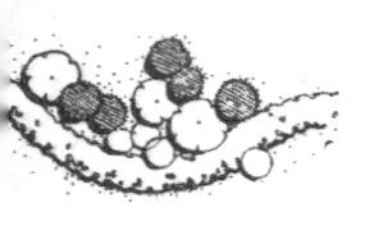

上，这类植物没有坚实的土壤基础，它们的生存与较高的空气湿度休戚相关。如在高温高湿的热带雨林中，高大的乔木上通常附生有大型的蕨类，如鸟巢蕨、岩姜蕨、书带蕨等，它们呈悬挂下垂姿态，抬头远望，犹如空中花园；兰花、秋海棠类、龟背竹等喜湿花卉，要求空气相对湿度不低于80%；茉莉、白兰花、扶桑等中湿花卉，要求空气湿度不低于60%。

（2）土壤水分与植物景观　不同的植物种类，由于长期生活在不同水分条件的环境中，形成了对水分需求关系上不同的生态习性和适应性。根据植物对水分的关系，可把植物分为水生、湿生（沼生）、中生、旱生等生态类型。它们在外部形态、内部组织结构、抗旱、抗涝能力以及植物景观上都是不同的。

① 旱生植物景观　在干旱的环境中能长期忍受干旱而正常生长发育的植物类型。本类植物多，见于雨量稀少的荒漠地区和干燥的草原上，个别的也可见于城市环境中的屋顶、墙头、危岩陡壁上。根据它们的形态和适应环境的生理特性又可分为少浆植物或硬叶旱生植物（如柽柳、胡颓子、桂香柳），多浆植物或肉质植物（如龙舌兰、仙人掌），冷生植物或低矮植物（如骆驼刺）三类。

② 中生植物景观　不能忍受过干和过湿的条件的植物，大多数植物属于中生植物。

③ 湿生植物　适于生长在水分比较充裕的环境下，不能忍受长时间的水分不足，在土壤短期积水时，可以生长，过于干旱时易死亡或生长不良，是抗旱力最弱的陆生植物。根据实际的生态环境又可分为阳性湿生植物（如鸢尾、落羽杉、池杉、水松）和阴性湿生植物（如蕨类、海芋和秋海棠等），如图1-35所示是阳性湿生植物景观。

④ 水生植物景观　生长在水中的植物叫水生植物，如挺水植物、浮水植物、沉水植物。园林中有不同类型的水面：河、湖、塘溪、潭、池等，不同水面的水深及面积、形状不一，必须选择相应的植物来美化。

图 1-35 阳性湿生植物景观

1.2.1.4 土壤对植物的影响及其与植物配置的关系

土壤是园林植物生长的基质，一般栽培园林植物所用土壤应具备良好的团粒结构、疏松、肥沃、排水和保水性能良好，并含有丰富的腐殖质和适宜的酸碱度。

（1）土壤物理性质对植物的影响 土壤物理性质主要是指土壤的机械组成。理想的土壤应是疏松、有机质丰富、保水和保肥力强、有团粒结构的土壤。团粒结构内的毛细管孔隙＜0.1毫米，有利于存储大量水、肥；而团粒结构间非毛细管孔隙＞0.1毫米，有利于通气、排水。植物在理想的土壤上生长得健壮长寿。而城市土壤的物理性质具有以下几种极大的特殊性。

① 城市内由于人流量大，人踩车压，增加了土壤密度，降低了土壤透水和保水能力。

② 土壤被踩紧实后，土壤内孔隙度降低，土壤通气不良，抑制了植物根系的伸长生长。

③ 城市内一些地面用水泥、沥青、铺砖等铺装，封闭性大，留出树池很小，也造成土壤透气性差，硬度大。

④ 大部分裸露地面夏季吸热较强，提高了土壤温度。

所有这些因素都是植物生长的不利因素。

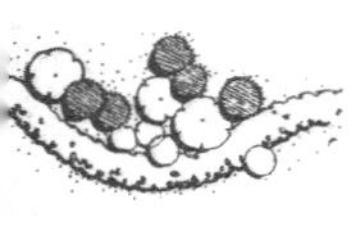

（2）土壤不同酸碱度的植物生态类型　自然界中土壤酸碱度是受气候、母岩及土壤中的无机和有机成分、地形地势、地下水和植物等因子所影响。据我国土壤酸碱性情况，可把土壤酸碱度分为5级：pH<5.0为强酸性；pH=5.0～6.5为酸性；pH=6.5～7.5为中性；pH=7.5～8.5为碱性；pH>8.5为强碱性。

根据园林植物对土壤酸碱度的要求，可以分为以下几类。

① 酸性土植物　在酸性土壤上生长较好，一般pH<6.5，这些植物在碱性土或钙质土中不能生长或生长不良，他们多分布在高温多雨地区，如杜鹃、山茶、白兰、含笑、珠兰、茉莉、八仙花、肉桂、棕榈、印度橡胶榕、栀子花、油茶等。

② 中性土植物　在中性土壤上生长最佳的种类，绝大多数园林植物属于此类。

③ 碱性土植物　在或轻或重的碱性土壤上生长最好的种类，也包括少部分园林植物能忍耐一定的盐碱，称为耐碱土植物，如仙人掌、玫瑰、柽柳、白蜡、木槿、紫穗槐、木麻黄（图1-36）等。

④ 钙质土植物　土壤中含有游离的碳酸钙称钙质土，有些植物在钙质土壤上生长良好，称为“钙质土植物（喜钙植物）”，如南天竹、柏木、臭椿等。

图1-36　木麻黄在盐碱地里生长良好

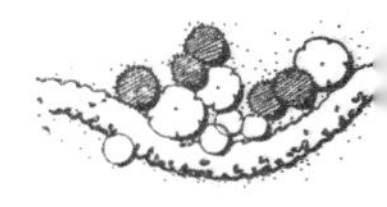

（3）基岩与植物景观　不同的岩石风化后形成不同性质的土壤，不同性质的土壤上有不同的植被，具有不同的植物景观。岩石风化物对土壤性状的影响，主要表现在物理、化学性质上。如土壤厚度、质地、结构、水分、空气、湿度、养分以及酸碱度等。如石灰岩主要由碳酸钙组成，属钙质岩类风化物。风化过程中，碳酸钙可受酸性水溶解，大量随水流失，土壤中缺乏磷和钾，多具石灰质，呈中性或碱性反应，土壤黏实，易干，不宜针叶树生长，宜喜钙耐旱植物生长，上层乔木则以落叶树占优势，如杭州龙井寺附近及烟霞洞多属石灰岩，乔木树种有珊瑚朴、大叶榉、榔榆、杭州榆、黄连木，灌木树种有南天竹和白瑞香，植物景观常以秋景为佳，秋色叶绚丽夺目。砂岩属硅质岩类风化物，其组成中含大量石英，坚硬，难风化，营养元素贫乏，多构成陡峭的山脊、山坡，在湿润条件下，形成酸性土。流纹岩也难风化，在干旱条件下，多石砾或砂砾质，在温暖湿润条件下呈酸性或强酸性，形成红色黏土或砂质黏土。杭州云栖及黄龙洞就分别为砂岩和流纹岩，植被组成中以常绿树种较多，如青冈栎、米槠、苦槠、浙江楠、紫楠、绵槠、香樟等，也适合马尾松、毛竹生长。

1.2.1.5　空气对植物的影响及其与植物配置的关系

（1）空气对植物的影响　空气对园林植物的影响是多方面的。空气中的二氧化碳和氧都是植物光合作用的主要原料和物质条件，这两种气体直接影响植物的健康生长与开花状况。如空气中的二氧化碳含量由0.03％提高到0.1％，则大大提高植物光合作用的效率。因此，在植物的养护栽培中有的就应用了二氧化碳发生器。大气中供植物呼吸的氧气是足够的，但土壤中由于含水量过高或结构不良等原因，可能使土壤空气的浊化过程加重而更新过程减缓，从而使土壤氧气含量减少，二氧化碳和其他有毒气体含量增高，植物根系因呼吸缺氧抑制根的伸长并影响全株的生长发育，甚至会引起植物窒息死亡。

（2）大气污染对植物的影响　空气污染物浓度超过植物的忍耐

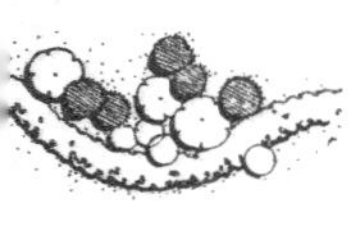

限度，会使植物的细胞和组织器官受到伤害，生理功能和生长发育受阻，产量下降，群落组成发生变化，甚至造成植物个体死亡，种群消失。植物受大气污染物伤害一般分为两类：受高浓度大气污染物袭击，短期内即叶片上出现坏死斑，称为急性伤害；长期与低浓度污染接触，因而生长受阻，发育不良，出现失绿、早衰等现象，称为慢性伤害。

大气污染物中对植物影响较大的是二氧化硫、氟化物、氧化剂和乙烯。氮氧化物也会伤害植物，但毒性较小。氯、氨和氯化氢等虽会对植物产生毒害，但一般是由于事故性泄漏引起，危害范围不大。

① 二氧化硫进入叶片气孔后，遇水变成亚硫酸，进一步形成亚硫酸盐。当二氧化硫浓度超过植物自行解毒能力时（即转成毒性较小的硫酸盐的能力），积累起来的亚硫酸盐可使海绵细胞和栅栏细胞产生质壁分离，然后收缩或崩溃，叶绿素分解。在叶脉间，或叶脉与叶缘之间出现点状或块状伤斑，产生失绿漂白或退色变黄的条斑。但叶脉一般保持绿色不受伤害。受害严重时，叶片萎蔫下垂或卷缩，经日晒失水干枯或脱落。

② 氟化氢进入叶片后，常在叶片先端和边缘积累，到足够浓度时，使叶肉细胞产生质壁分离而死亡。故氟化氢所引起的伤斑多半集中在叶片的先端和边缘，成环带状分布，然后逐渐向内发展。严重时叶片枯焦脱落。

③ 氯气对叶肉细胞有很强的杀伤力，很快破坏叶绿素，产生退色伤斑，严重时全叶漂白脱落。其伤斑与健康组织之间没有明显界限。

（3）园林植物对大气污染的抗性　空气污染是制约环境绿化的一个重要因素，而环境绿化却又是改善生态环境、降低空气污染程度的最根本手段。为实现两者之间的良性循环，首先要解决好树种的选择问题。

① 抗二氧化硫的植物　桧柏、侧柏、白皮松、云杉、香柏、臭

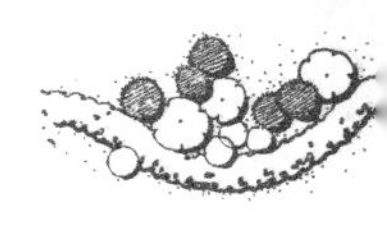

椿、槐、刺槐、加杨、毛白杨、马氏杨、柳属、柿、君迁子、核桃、山桃、小叶白蜡、白蜡、北京丁香、火炬树、紫薇、银杏、栾、悬铃木、华北卫矛、桃叶卫矛、胡颓子、桂香柳、板栗、太平花、蔷薇、珍珠梅、山楂、栒子、欧洲绣球、紫穗槐、木槿、雪柳、黄栌、朝鲜忍冬、金银木、连翘、大叶黄杨、小叶黄杨、地锦、木香、金银花、菖蒲、鸢尾、玉簪、金鱼草、蜀葵、晚香玉、鸡冠、酢浆草等。

② 抗氟化氢的植物　白皮松、桧柏、侧柏、银杏、构树、胡颓子、悬铃木、槐、臭椿、龙爪柳、垂柳、泡桐、紫薇、紫穗槐、连翘、朝鲜忍冬、金银花、小壁、丁香、大叶黄杨、欧洲绣球、小叶女贞、海州常山、接骨木，地锦、五叶地锦、鸢尾、金鱼草、万寿菊、紫茉莉、半支莲、蜀葵等。

③ 抗以氯气为主的有毒气体的植物　花曲柳、桑、旱柳、银铆、山桃、皂角、忍冬、水蜡、榆、黄菠萝、卫矛、紫丁香、茶条槭、刺槐、刺榆、木槿、枣、紫穗槐、复叶槭、夹竹桃、小叶朴、加杨、柽柳、银杏、臭椿、叶底珠、连翘、樱花、丝棉木、臭椿、接骨木、乌柏、龙柏、海桐、小叶黄杨、女贞、棕榈、丝兰、香樟、枇杷、石榴、构树、泡桐、刺槐、葡萄、天竺葵等。

在园林实践中，对植物景观影响较大的是一些有害气体，它们直接威胁着园林植物的生长发育。因此，在园林植物配置与造景时，要因地制宜，选择对有害气体有抗性的园林植物。

在整个生态环境中，各生态因子对园林植物的影响是综合的，也就是说植物是生活在综合的环境因子中，缺乏任一因子，植物均不能正常生长。同时，环境中各生态因子又是相互联系、相互制约的，环境中任何一个单因子的变化必将引起其他因子不同程度的变化，例如光照强度的变化，常会直接引起气温和空气相对湿度的变化，从而引起土壤温度和湿度的变化。

虽然各生态因子都是植物生长发育所必需的，缺一不可的，但对某一种植物，甚至植物的某一个生长发育阶段的影响，往往有1～2个因子起着决定性的作用，这种起决定作用的因子就称“主导

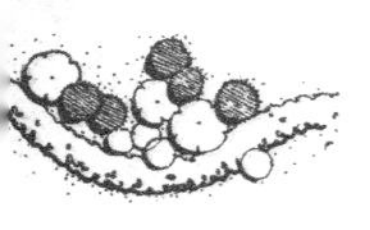

因子”。如热带兰花大多是热带雨林植物，其主导因子是高温高湿，仙人掌是热带草原植物，其主导因子是高温干燥，这两种植物离开高温都要死亡。又如高山杜鹃，在引种到低海拔平地时，空气湿度是存活的主导因子。

因此，在植物造景过程中要科学分析，研究每种植物的生物学特性及其生长习性，根据环境条件的实际，合理进行安排。

1.2.2 生态位与植物配置的关系

1.2.2.1 生态位的概念

生态位是指一个物种在生态系统中的功能作用以及它在时间和空间中的地位，反映了物种与物种之间、物种与环境之间的关系。

基础生态位是指一个物种理论上所能栖息的最大空间，但实际上很少有一个物种能全部占据基础生态位。

实际生态位是指由于竞争的存在，该物种只能占据基础生态位的一部分，即实际栖息空间要小得多，称为实际生态位。

1.2.2.2 生态位原理在植物配置中的应用

在城市园林绿地建设中，应充分考虑物种的生态位特征、合理选配植物种类、避免种间直接竞争，形成结构合理、功能健全、种群稳定的复层群落结构，以利种间互相补充，既充分利用环境资源，又能形成优美的景观。根据不同地域环境的特点和人们的要求，建植不同的植物群落类型。如在污染严重的工厂应选择抗性强、对污染物吸收强的植物种类；在医院、疗养院应选择具有杀菌和保健功能的种类作为重点；街道绿化要选择易成活，对水、土、肥要求不高，耐修剪、抗烟尘、树干挺直、枝叶茂密、生长迅速而健壮的树种：山上绿化要选择耐旱树种，并有利于山景的衬托；水边绿化要选择耐湿的植物，要与水景协调等。

某些植物如同水火不相容一样不能共同生存，一种植物的存在导致其他植物的生长受到抑制甚至死亡，或者两者都受到抑制。当然，也有部分植物种植在一起，会互相促进生长。因此，在设计人工植物群落种间组合进行植物配置与造景时，要区别哪些植物可“和平共处”，哪些植物“水火不容”。下面介绍一些植物相克或相生的例子。

（1）相克

① 黑胡桃不能与松树、苹果、马铃薯、番茄、紫花苜蓿及各种草本植物栽植在一起，而能与悬钩子共生。

② 苹果树行间种马铃薯、芹菜、胡麻、燕麦、苜蓿等植物，苹果树的生长会受到抑制，因为马铃薯的分泌物能降低苹果根部和枝条的含氧量，使其发育受阻，但苹果园种南瓜可使南瓜增产。

③ 刺槐、丁香、薄荷、月桂等能分泌大量的芳香物质，对某些邻近植物有抑制作用。

④ 榆树与栎树、白桦不能间种。

⑤ 松树与云杉不能间种。

⑥ 丁香与铃兰、水仙与铃兰、丁香与紫罗兰不能混种。

⑦ 桃树与茶树不能间种，否则茶树枝叶枯萎，桃树周围亦不能种植杉树，否则不能成材。

⑧ 松树不能与接骨木生长在一起。

（2）相生

① 皂荚、白蜡树与七里香在一起，可促进种间结合。

② 葡萄园种紫罗兰，结出的葡萄香味更浓。

③ 核桃与山楂间种可以互相促进，山楂的产量比单种高。

④ 牡丹与芍药间种，能明显促进牡丹生长。

1.3 当前园林植物配置的发展趋势

当前我国很多城市掀起绿化、美化的热潮，城市环境建设取得了巨大的成就。但是其中存在的一些问题却不容忽视。尤其在植物配置方面缺乏科学的认识，或者将种植设计简单地理解为栽花种草，使植物景观处于喷泉、雕塑、小品等硬质景观的陪衬地位；或

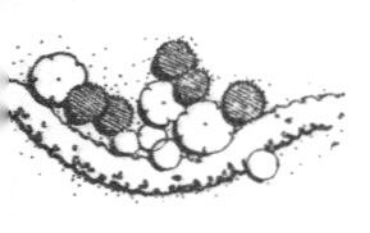

者偏爱以植物材料构成图案的效果，把植物修剪成整齐划一的色带或几何形体；或者用大量人工气息浓厚的栽培植物形成植物群落；或者片面强调生态效应，将大量的成年大树移栽到城市绿地中。

随着建设生态园林城市要求的提高，节约型绿地开始被人们所重视。充分认识地域性自然植物景观的形成过程和演变规律，并顺应这一规律进行植物配置，是现代植物配置的发展趋势之一。设计师不仅要重视植物景观的视觉效果，更要营造出适应当地自然条件、具有自我更新能力、能够体现当地自然景观风貌的植物群落类型。基于以上原理，当前的园林植物配置理论及实践在以下几个方面得到了更加深入的研究。

1.3.1 恢复地带性植被

在城市绿化建设中，应培育以地带性物种为核心的多样化绿化植物种类，探索乡土树种以及野花、野草在城市植物配置中的合理应用。而在具体的绿地植物景观设计中，则应借鉴当地成熟的植被类型，总结适用的多种植物搭配的生态群落，来更好地建设低养护、植物多样性高的城市绿地（图 1-37）。

图 1-37 城市植物群落配置透视效果

1.3.2 自然式植物景观设计

城市绿地植物景观营造还要模拟自然植物群落，优化物种、群落外貌、形态和色彩等组合，重视植物的景观、美感、寓意和韵律效果，产生富有自然气息的美学价值和文化底蕴，达到生态、科学和美学高度和谐的统一，并使之与城市景观特色和建筑物造型相融合（图1-38）。

图1-38 城市自然式植物配置透视效果

从园林发展的趋势来看，我国园林事业主要走的是以自然式植物景观建设与生态保护相结合的道路。对植物景观设计来说，在原有的基础上赋予其时代的内容，符合当今社会发展和生态保护的需要，是对我国园林事业继承和发扬的行之有效的途径。

第2章 植物配置与造景基础

优美的植物景观设计是科学性与艺术性两方面的高度统一。它既要满足植物与环境在生态适应性上的统一，又要通过艺术构图原理体现出植物个体及群体的形式美与意境美，还要通过合理的空间布局及场地营造等满足人们的实际使用要求，从而使生态、艺术、社会三者的效益并重，这是植物景观营造的基本原则。

从生态学的角度来讲，现代植物造景应该特别讲求营造多样性的植物景观，要“师法自然”，体现出自然环境美，即利用乔木、灌木、藤本、草本植物等形成树丛、树群的方式进行自然式配置，注意高低错落、层次丰富、疏落有致。还要考虑植物的生态习性，做到适地适树、因地制宜。避免盲目进行大规格苗木的移植，以及外来植物种类的大量应用，以实现景观的可持续发展。

从艺术的角度来讲，植物景观设计遵循绘画艺术和造园艺术的基本原则，即统一、调和、均衡和韵律。植物景观中艺术性的创造极为细腻和复杂，应借鉴绘画原理及古典文学的运用，巧妙而充分地利用植物的形体、线条、色彩、质地进行构图，并通过植物的季相及生命周期的变化使之成为一幅鲜活的动态图画，体现一种诗情画意的境界。

从社会的角度来讲，植物配置一是要根据不同类型城市绿地的特点，充分考虑人们的实际使用需求，提供人们工作、学习、劳动之余休息和疗养的场所；二是要注重调节人类生理机能，缓和现代社会因为工作生活节奏过快而形成的高度紧张的精神状态；三是要强调改善城市面貌，形成优美、整洁、绿意盎然的现代城区，体现城市的品位和精神文明程度，从而也有利于改善投资环境。

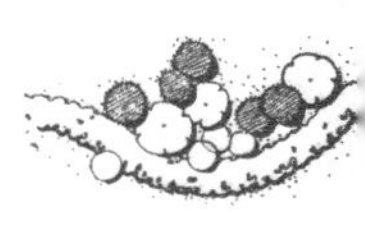

2.1 园林植物配置与造景的概念与现状

2.1.1 园林植物配置与造景的概念

2.1.1.1 园林植物配置的概念

园林植物配置就是按植物生态习性和园林布局要求，合理布置园林中各种植物，充分发挥它们的生态功能、园林功能及其观赏特性。

园林植物配置就是乔木、灌木、藤本及草本植物之间的互相配置，需要考虑植物的种类、数量、形体、色彩、质感、重量、季相以及意境等，完成视觉景观和园林意境的创造，同时满足生态功能的要求（图 2-1）。

图 2-1 园林植物之间合理搭配，创造优美的园林环境

2.1.1.2 园林植物造景的概念

园林植物造景就是在植物配置的基础上，植物与其他园林要素之间的合理搭配，包括建筑、园路、水体、山石等。在配置时要处理好植物之间以及植物与其他要素之间的平面和立面的构图、色彩的搭配，并满足生态与功能上的要求（图 2-2～图 2-4）。

植物造景应侧重表现植物的美学特性、空间特性，并反映一定的社会、文化、生态等综合价值。

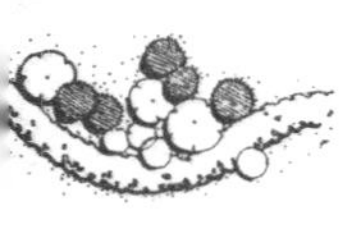

图 2-2　园路旁的美丽景观图

图 2-3　植物与水体的完美结合

图 2-4　植物结合地形、配合园林建筑，创造优美景观

植物造景是提倡以植物材料为主体的园林景观建设，针对园林中建筑物、假山等非生态硬质景观较多现象提出的。植物造景概念的提出，对生态园林建设、经济可持续发展、生物多样性保护等方面具有重要的意义。

2.1.2　园林植物造景的现状

2.1.2.1　国内园林植物造景研究的现状

植物造景既能创造优美的环境，又能改善人类赖以生存的生态环境。然而，在现实中，植物造景有不同的观念。

一种观念是重园林建筑、假山、广场等非植物景观，而轻视植物造景。这种观念认为山水、建筑是园林的骨架，挖湖堆山理所当然，而植物只是附属和陪衬。植物景观的欣赏常以个体美及人格化含义为主，如松、竹、梅为岁寒三友；梅、兰、竹、菊喻四君子；玉兰、海棠、牡丹、桂花示玉堂富贵等。这种造景风格主要表现在中国古典园林中。因此，植物的用量也特别少。

但是，随着社会的发展，人们的意识形态和社会的生态环境都发生了很大变化。虽然古典园林成为经典，但是很多理念和做法已不适用于当今社会。尤其在人们渴求改良生态环境的当今，更是应该重视生态效果。植物造景的定义和理念也是在此情况下提出的。

另一种观念是提倡园林建设中应以植物景观为主，认为植物景观最优美，是具有生命的画面，而且投资少。在园林建设中，植物造景的理念愈来愈为人们所接受。近年来，不少地方积极营造森林公园、湿地公园，逐渐建立科学的生态系统。包括城市其他绿地也重视植物造景设计，不仅重视植物群落设计也重视绿量的增加。

尽管如此，我国在植物造景方面还是存在着较大的差距。首先，我国园林中植物种类很贫乏，大多局限于观赏价值较高、人工栽培的“园林植物”，这与资源大国的地位是极不相称的。植物造景对野生植物的资源调查和引种驯化研究很少。已开发并应用的乡土植物种类很有限，在绿地建设中常把自然生长稳定的野生乡土植

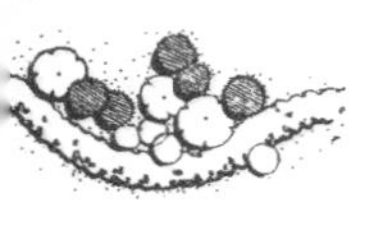

物视为杂木、杂草而斩尽杀绝，缺乏植物多样性和稳定性。再加上人们对生态园林的认识不足，造成植物配置单调的现象，大部分城市植物种类和配置形式出现了雷同的趋势，缺乏自己的风格和地方特色。其次是在植物造景的科学性、艺术性和生态性的关系上处理不当，有些设计者缺乏对生态效益的综合考虑，过分追求空间的开阔而导致绿量的减少。

2.1.2.2 国外园林植物造景研究的现状

西方园林植物造景注重植物的应用形式，一种是讲求人工化，整座园林全都统一在单幅构图里，树木、水池、台阶、植物、道路等的形状、大小、位置和关系都推敲得很精致。植物绝不允许自然生长出其各自的形状，完全被一丝不苟地剪裁成锥体、球体、圆柱体等几何形状。水池、草坪和花圃也被严格地规划成矩形、圆形、方形、椭圆形、菱形等几何形状，追求对称性和整一性（图 2-5）。另一种则是自然式的植物景观。摒弃了笔直的林荫大道、几何形状和对称整齐的植物，尽量避免人工雕刻的痕迹，取而代之的是自然流畅的湖岸线，动静结合的水面，缓缓起伏的草地，高大稀疏的乔木或丛植的灌木，它侧重于再现大自然风景的具体实感。多种植成片的花卉树木，树木注意高矮搭配、冠形姿态和四季的变化；各种

图 2-5 规整、人工化的西方园林（一）

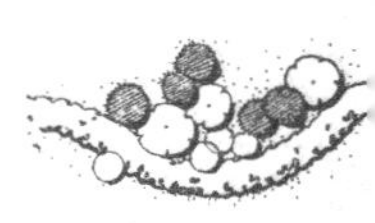

鲜花密植在一起，花期、颜色和株形均经过仔细的搭配。英国园林设计师在设计植物景观时有一个很强烈的观点，那就是“没有量就没有美”，强调大片栽植，体现植物的群体效果（图 2-6）。造园家还十分注重植物品种的引进和培育，英、法、俄、美、德等国早在19 世纪从中国引种了成千上万的观赏植物，为其植物造景服务。以英国为例，原产英国的植物种类仅 1700 种，可是经过几百年的引种，至今在皇家植物园中已拥有 50000 多种来自世界各地的活植物。

图 2-6　规整、人工化的西方园林（二）

2.2　园林植物景观的功能与效益

2.2.1　生态功能

人们生活在城市当中，来自厂矿企业、日常生活以及交通运输等方面的污染源影响人们的生活质量。从城市生态学角度看，城市园林绿化中一定量的绿色植物，既能维持和改善城市区域范围内的大气碳循环和氧平衡，又能调节城市的温度、湿度，净化空气、水体和土壤，还能促进城市通风、减少风害、降低噪声等。由此可

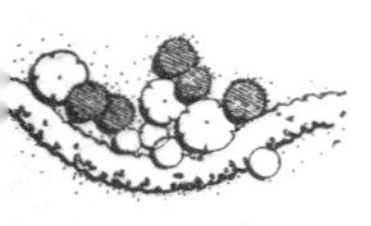

见，城市绿化的生态效益既是多方位的又是极其主要的。

2.2.1.1　净化空气（改善空气质量）

（1）吸碳放氧　氧是生命系统的必然物质，其平衡能力的大小，对城市地区社会经济发展的可持续性具有潜在影响。植物具有改善城市二氧化碳和氧气平衡的能力。绿色植物通过光合作用吸收二氧化碳释放氧气，同时，又通过呼吸作用吸收氧气和排出二氧化碳，实验证明，植物通过光合作用所吸收的二氧化碳要比呼吸作用中排出的二氧化碳多20倍，因此，植物可以起到消耗空气中的二氧化碳，增加氧气含量的作用。通常情况下大气中的二氧化碳含量为0.03%左右，氧气含量为21%，但在城市空气中的二氧化碳含量有时候可达0.05%～0.07%，局部地区甚至高达0.20%。随着空气中二氧化碳含量增加，氧气含量减少，人们会出现呼吸不适、头昏耳鸣、心悸、血压升高等一系列生理反应。另外，二氧化碳是产生温室效应的气体，它的增加导致城市局部地区的温度升高产生热岛效应，若地形不利，还会形成城市上空逆温层从而加剧城市空气中的污染。如果有足够的植物进行光合作用，吸收大量的二氧化碳，放出大量氧气，就会改善环境，促进城市生态良性循环，不仅可以维持空气中氧气和二氧化碳的平衡，而且会使环境得到多方面的改善。

（2）吸收有毒气体　另外，植物对有害气体有一定的吸收和净化作用。二氧化硫、氟化氢、氯气等是城市主要有毒气体，很多植物对这些有毒气体有一定的吸收作用。利用绿地吸收有毒气体，减轻有毒气体的危害，是城市环境保护的一项重要措施。不同树种吸收有毒气体的能力不同，一般的松林每天可从1立方米空气中吸收20毫克的二氧化硫；每公顷柳杉林每年可吸收720千克二氧化硫；每公顷垂柳在生长季节每月可吸收10千克二氧化硫。研究表明，臭椿对二氧化硫的吸收能力特别强，超过一般树种的20倍。另外，夹竹桃、罗汉松、大叶黄杨、银杏等都有很强的吸收二氧化硫的作用。

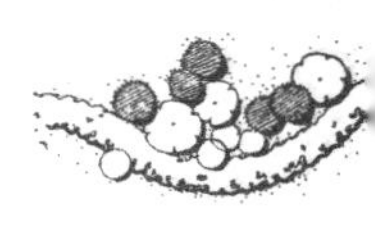

吸收氯气较强的树种有银柳、旱柳、赤杨、臭椿、水曲柳、花曲柳、悬铃木、怪柳、女贞、卫矛、忍冬等。氟化氢对人体的毒害要比二氧化硫大20倍，吸收氟化氢能力较强的树种主要有梧桐、大叶黄杨、桦树、垂柳等；吸氟能力较强的树种主要有女贞、泡桐、刺槐、大叶黄杨等。另外，不同树种对空气中的苯、臭氧等其他毒气都有一定的吸收作用。

(3) 吸尘作用　城市空气中含有大量的尘埃、油烟、炭粒等。据统计，每烧一吨煤，就产生11千克的煤粉尘，许多工业城市每年每平方千米降尘量平均为500～1000吨。这些粉尘对人体健康都非常不利。树木对粉尘有明显的阻挡、过滤和吸附作用。一方面，由于枝冠茂密，具有强大的降低风速的作用，可以使大粒粉尘降落；另一方面，由于叶片表面不平，有绒毛、黏性分泌物，使得空气中的粉尘经过时，被大量吸附。地被植物还可以防止灰尘的再起，从而减少了人类疾病的来源。

(4) 杀菌作用　植物净化空气还表现在，绿色植物具有杀菌作用。城市空气中悬浮着各种细菌达百种之多，其中许多是病原菌。绿色植物能够减少含菌量，一方面表现在植物可以减少尘埃，从而减少含菌量。更主要的是，植物能够分泌杀菌素，杀死病菌，因此绿地具有一定的减菌作用。许多植物（如桉树、悬铃木、臭椿等）都能分泌杀菌素，有很好的杀菌能力。

2.2.1.2　调节温度

植物的蒸腾作用需要吸收大量的热量，从而降低周围空气温度。

在夏季，人在树荫下和在阳光下直射的感觉差异是很大的。这种感觉到的差异不仅仅起3～5℃的气温差异，而主要是太阳辐射温度决定的。阳光照射到树林上，有20%～25%被叶片反射，有35%～75%被树冠所吸收，有5%～40%透过树冠投射到林下。也就是说，茂盛的树冠能挡住50%～90%的太阳辐射。不同树种的遮阴能力不同，遮阴力愈强，降低辐射能的效果愈显著。行道树

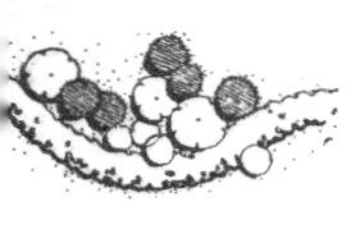

中，以银杏、刺槐、悬铃木、枫杨的遮阴降温效果最好。

2.2.1.3　调节湿度

由于植物的蒸腾作用，能使周围空气湿度增高。一株中等大小的杨树，在夏季白天每小时可由叶部蒸腾 25 千克水至空气中，一天即达 0.5 吨，如果在某个地方种 1000 株杨树，相当于每天在该处洒 500 吨水。通常大片绿地调节湿度的范围，可以达到绿地周围相当于树高 10～20 倍的距离，甚至扩大到半径 500 米的邻近地区。每公顷树林，夏天每日蒸腾量为 40.0～60.0 吨，比同面积的裸露土地蒸发量高 20 倍，所以它能提高空气湿度。据测定，公园的湿度比其他绿化少的地区高 27%。人们感觉舒适的相对空气湿度为 30%～60%，而园林植物可通过叶片蒸发大量水分，空气湿度的增加，大大改善了城市小气候，使人们在生理上具有舒适感。

2.2.1.4　净化水体

城市水体，主要受工矿废水、居民生活污水和降水径流的污染而影响环境卫生和人们身体健康。许多水生植物（如芦苇）能吸收酚、氯化物，减少水中悬浮物、氯化物。水葱、田蓟、水生薄荷等能杀菌。水葫芦能从污水里吸取汞、银、金、铅等重金属物质。树木可以吸收水中的溶解质，减少水中含菌数量。据测定，在通过 30～40 米宽的林带后，每升水中所含细菌的数量减少 1/2。

2.2.1.5　净化土壤

植物的地下根系能吸收、转化、降解土壤当中大量的有害物质，从而具有净化土壤的作用。有的植物根系分泌物能杀死土壤当中的大肠杆菌。有植物根系分布的土壤，好气性细菌要增加几百倍甚至几千倍，所以能使土壤当中的有机物迅速无机化，从而净化土壤，增加土壤肥力。另外，含有好气性细菌的土壤还能吸收空气中的一氧化碳。

2.2.1.6　保持水土

绿地有致密的地表覆盖层和地下树、草根层，因而具有良好的

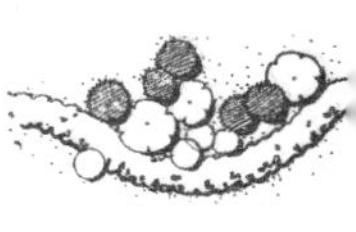

固土作用。据报道，草类覆盖区泥土流失量仅为裸露地区的1/4；每亩绿地蓄水量平均比裸露土地多20米^3。

2.2.1.7 涵养水源

绿色植物有着很大的蓄水能力，尤其是森林被称为“海绵体”和“绿色水库”。能大量减少流入大海的无效水，增加地表有效水的积蓄。另外，在雨季，由于植被吸纳和阻滞了大量降水，减少和滞后降水进入江河，削减和滞后洪峰，减少了洪水径流；过了雨季，植物再放出大量涵养的水，为生产和生活提供水源，因此，植物特别是森林能涵养水源，有着巨大的经济效益。

2.2.1.8 通风，防风

绿化林带能够降低风速。据测定，一个高9米的复层树林屏障，在其迎风面90米、背风面270米范围内，风速都有不同程度的减小。另外，据前苏联学者研究，由林边空地向林内深入30～50米处，风速可减至原速度的30%～40%，深入到120～200米处，则完全平静。如果用常绿林带在垂直冬季的寒风方向种植防风林，可以大大地减低冬季寒风和风沙对市区的危害。

如绿带与该地区夏季的主导风向一致，可将该城市郊区的气流引入城市中心地区，可在炎夏为城市创造良好的通风条件。

2.2.1.9 降低噪声

城市中的噪声主要来自交通和工厂，它影响人们正常的工作、生活和休息。严重时会使人产生头昏、头痛、神经衰弱、消化不良、高血压等病症。而绿色树木对声波有散射、吸收作用，阔叶乔木树冠，约能吸收到达树叶上噪声的26%，其余74%被反射和扩散。40米宽的林带可以降低噪声10～15分贝。公路两旁各留15米造林，以乔灌木搭配种植，可以降低一半的交通噪声。加强城市绿化，合理布置绿化带，对减弱城市噪声能起到良好作用。

2.2.1.10 维持生物多样性

植物多样性是营造生物多样性的基础，通过植物营建食物链，进一步建立生物链，多样稳定的植物群落系统为建立稳定的生物链打下基础，从而形成丰富而稳定的生物多样性系统。

2.2.2 景观功能

2.2.2.1 美化功能

利用园林植物的形态和色彩以及经过加工修剪的形态进行配置与造景，创造出形形色色的园林植物景观，给人以美的享受。同时利用植物与其他造园要素有机结合，创造出更加丰富的景观，供人们观赏、休闲、娱乐。在城市中，大量的硬质楼房形成了轮廓挺直的建筑群体，而园林植物则为柔和的软质景观。若两者配合得当，便能丰富城市建筑群体的轮廓线，形成街景，成为美丽的城市景观（图 2-7）。

图 2-7 园林植物配合城市建筑形成美丽街景

2.2.2.2 创造意境

园林植物景观不仅能给人以直接的感官享受，还可以创造意境，予植物一定寓意，通过比拟与联想，托物言志，抒发情感，给人以更加深刻和悠远的美感。

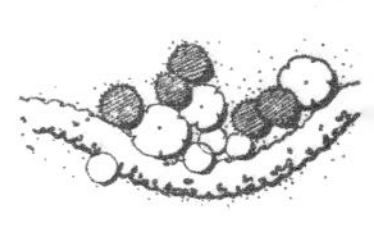

2.2.3 创造休闲、保健场所

城市园林绿地，特别是公园、小游园及其他附属绿地，通过园林植物造景，创造出各种园林休闲空间，满足人们观赏、游戏、散步、健身的需要。人们可自由选择自己喜爱的活动内容，使紧张工作后的人们在此得到放松（图 2-8）。

图 2-8 绿地成为人们休闲的好去处

除了普通的休闲功能之外，许多植物还具有医疗保健功能。例如，发自树体的挥发性物质对支气管哮喘、吸尘所引起的肺炎、肺结核等有一定的治疗效果；森林中的溪流、瀑布蒸发产生的水汽与植物光合作用产生的氧气加上太阳紫外线的作用，可产生大量负离子，被称为“空气维他命”，对身体健康十分有益。另外，还有很多芳香类植物产生的挥发性物质，可以调节神经和情绪，对人体的身心健康都十分有益，所以，国际上有流行“森林浴”和“园艺疗法”。因此，通过绿色植物可以创建保健场所，成为人们疗病、保健的理想选择。

因此，在植物造景过程中，可以结合植物的保健功能，创建科学、美观、实用，并具有健康功能的休闲场所。

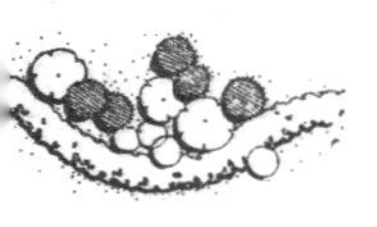

2.2.4 经济效益

植物造景创造优美城市景观，具有广泛的巨大的经济效益，其中包括直接经济效益和间接经济效益。

直接经济效益是指植物产品（包括植物的器官）可以食用、药用或者可以生产油料、香料、燃料、木材等；另外，直接经济价值还体现在园林绿化门票、服务等的直接经济收入。

植物景观的最主要效益是间接经济效益。间接经济效益是指园林植物所形成的良性生态环境效益和社会效益。主要包括园林绿地涵养水源、保持水土、净化空气、防止水土流失、鸟类保护、旅游保健、拉动其他产业的发展等方面的价值。更深远的价值甚至还体现在拉动社会文明的进步等。间接的经济效益往往比直接经济效益深远和重大得多。比如治理每吨氮氧化物需 16000 元，如果一公顷绿地可以脱氮 380 千克，那么这个效益是很可观的；一公顷林地每年可以脱硫 100 千克，利用植物自身吸附的作用脱一吨二氧化硫需要 3000 多元。园林绿地的间接经济价值无疑是巨大的，甚至是无法计算的。随着社会的进步，人们越来越重视创造绿地的间接经济效益，特别是生态价值。

2.3 植物造景中艺术原理的应用

植物造景作为园林设计的一个重要内容，其艺术构图的设计原则是通用的。因此，在进行园林植物配置时要注意运用相应的原则，使人工建造的园林植物景观能够与整体的设计风格一致并具备多变的艺术风格。

在植物景观配置中，要遵循统一、调和、均衡、韵律及比例与尺度的基本设计原则，这些原则指明了植物配置的艺术要领。在植物景观设计中，植物的树形、色彩、线条、质地及比例既要有一定的差异和变化，显示多样性，又要使它们之间保持一定的相似

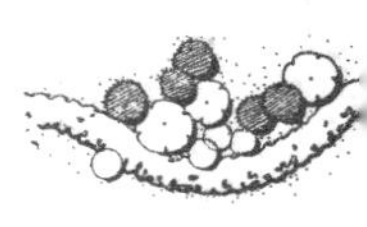

性，引起统一感；同时，要注意植物之间的相互联系与配合，体现调和的原则，使其具有柔和、平静、舒适和愉悦的美感；在配置体量、形态、质地各异的植物时，还应该遵循均衡的原则，使景观稳定、和谐；另外，在植物配置中，有规律的变化会产生一定的韵律感。

2.3.1 统一的原则

统一的原则也称变化与统一或多样与统一的原则。变化太多，整体就会显得杂乱无章，甚至一些局部会感到支离破碎，失去美感，过于繁杂的色彩还会使人心烦意乱，无所适从；但是如果缺少变化，片面的讲求统一，平铺直叙，又会单调、呆板。因此，在植物配置时，要掌握在统一中求变化、在变化中求统一的原则。重复方法的运用最能体现植物景观的统一感，例如在道路绿带中栽植行道树，等距离配置同种、同龄乔木树种，并在乔木下配置同种花灌木（图 2-9）。

图 2-9 植物配置立面效果

多样统一的原则在植物景观设计中有很多具体的体现。例如在竹园的设计中，虽然众多的竹类均统一在相似的竹叶及竹竿的形状及线条中，但是丛生竹与散生竹有聚有散；高大的毛竹、慈竹或麻

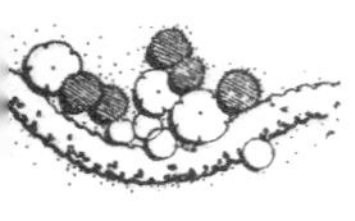

竹等与低矮的凤尾竹配置则高低错落；龟甲竹、方竹、佛肚竹则节间形状各异；粉单竹、黄金嵌碧玉竹、黄槽竹、菲白竹等则色彩多变。这些竹子经巧妙配置，很好地诠释了统一中求变化的原则。还有在北方地区常绿景观应用植物多为松柏类，但黑松针叶质地粗硬、浓绿；而华山松、乔松针叶质地细柔，淡绿；油松、黑松树皮褐色粗糙；华山松树皮灰绿细腻；白皮松干皮白色、斑驳，富有变化。柏科中尖峭的台湾桧、塔柏、蜀桧、铅笔柏；圆锥形的花柏、凤尾柏；球形、倒卵形的球桧、千头柏；低矮而匍匐的匍地柏、砂地柏、鹿角桧等，充分体现出不同种类的姿态万千。

2.3.2 调和的原则

调和的原则即协调和对比的原则。在进行植物配置时，如要追求相互之间的高度协调，则需选择近似性和一致性的植物进行配置，不宜将形态姿色差异大的树种组合在一起。相反，差异和变化可以产生对比的效果，具有强烈的刺激感，形成兴奋、热烈和奔放的感受。因此，在植物景观设计中，常用对比的手法来突出主题或引人注目，利用植物不同的形态特征如高低、姿态、叶形、叶色、花形、花色等的对比手法，表现一定的艺术构思，衬托出美妙的植物景观（图 2-10）。

在植物配置中要特别注意色彩的调和性。在色彩构成中的红、黄、蓝三原色中，任何一种原色同其他两种原色混合成的间色，可以组成互补色。例如，红色与绿色为互补色、黄兰与紫色为互补色、蓝色和橙色为互补色，产生出一明一暗、一冷一热的对比色，并列时相互排斥，对比强烈，呈现跳跃、新鲜的效果，如果用得好可以突出主题、烘托气氛。我国造园艺术中常用“万绿丛中一点红”来强调对比就是一个典型的例子。还有，在大草坪上以一株榉树与一株银杏相配置，秋季榉树叶色紫红，而银杏秋叶金黄，二者也会形成鲜明对比。

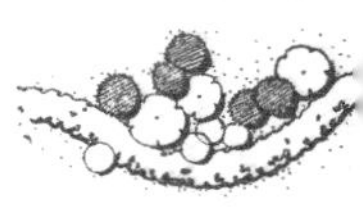

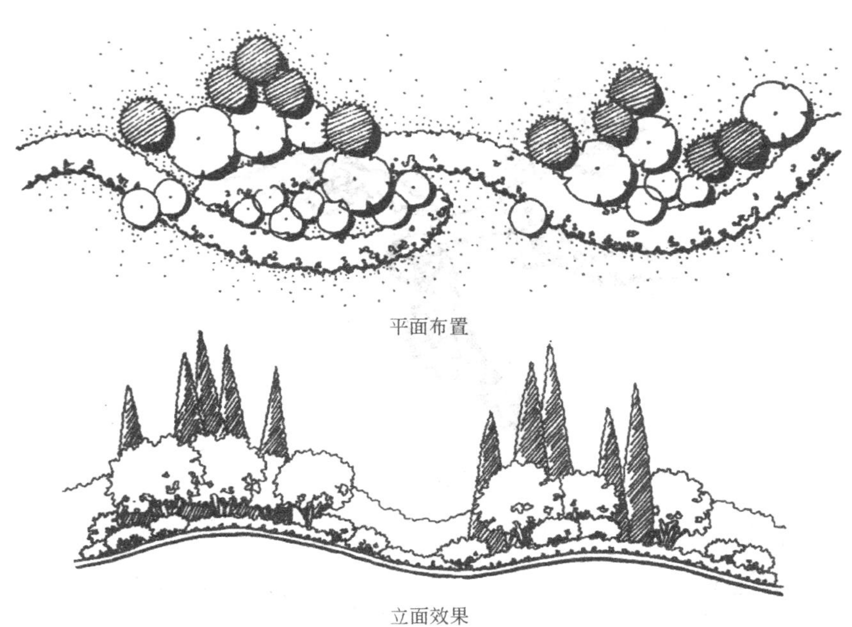

平面布置

立面效果

图 2-10 植物配置平面布置与立面效果

2.3.3 均衡的原则

将体量、质地各异的植物种类接均衡的原则配置，景观就显得稳定。如色彩浓重、体量庞大、质地粗厚、枝叶茂密的植物种类，给人以厚重的感觉；相反，色彩素淡、体量小巧、质地细柔、枝叶疏朗的植物种类，则给人以轻盈的感觉。根据周围环境，在配置时有规则式均衡（对称式）和自然式均衡（不对称式）两种类型。规则式均衡常用于规则式建筑及庄严的陵园或雄伟的皇家园林中，例如楼前配置等距离且左右对称的龙爪槐等；陵墓前或主路两侧配置对称的松或柏等。自然式均衡常用于花园、公园、植物园、风景区等比较自然的环境中。例如，在精致的园桥一侧若种植几株高大的乔木，则另一侧须植以数量较多、单株体量较小且成丛的花灌木，以求一种不对称的均衡（图 2-11）。

平面布置

透视效果

图 2-11　植物配置平面布置与透视效果

另外，各种植物姿态不同，有的比较规整，如石楠、臭椿树等；有的具有动势，如松树、榆树、合欢等。在配置时，要讲究植物相互之间或植物与环境中其他要素之间的协调；同时还要考虑植物在不同生长阶段和季节的形态变化，以避免产生配置上的不平衡状况。

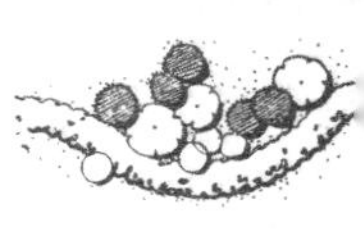

2.3.4 韵律和节奏的原则

在植物配置时进行有规律的变化，就会产生韵律感。韵律有两种：一种是“严格韵律”；另一种是“自由韵律”。道路两侧和狭长形地带的植物配置最容易体现出韵律感，要注意纵向的立体轮廓线和空间变换，做到高低搭配、起伏有致，以产生节奏韵律，避免布局呆板（图 2-12）。

图 2-12 植物配置立面效果

韵律和节奏的实例也很多，例如颐和园西堤、杭州白堤以桃树与柳树间隔栽植，就是典型的例子。又如云栖竹径景区，两旁为参天的毛竹林，在合适的间隔距离配置了一棵棵高大的枫香，沿道路行走游赏时就能体会到韵律感的变化而不会感到单调。

2.3.5 比例和尺度的原则

比例是指园林中景物在体型上具有适当的关系，其中既有景物本身各部分之间长、宽、高的比例关系，又有景物之间、个体与整体之间的比例关系。园林中，具有美感的比例是组成园林协调性美感的要素之一。园林存在于一定的空间中，其中各种设计要素的存

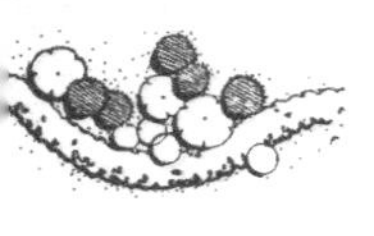

图 2-13 大型园林空间植物配置透视效果

图 2-14 小型园林空间植物配置透视效果

在要以创造出不同空间为目的，这个空间的大小要适合人类的感觉尺度，各造园要素之间以及各要素的部分和整体之间都应具备比例的协调性。中国古代画论中“丈山尺树，寸马分人”是绘画的美的比例，园林也与此同理。在园林种植设计上，植物与其他造园要素

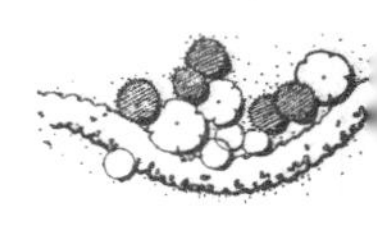

之间，以及种植的不同植物种类之间也一定要符合审美的协调比例。例如，大型的园林空间必须用高大或足量的植物来达到和环境及其他景观元素的比例协调，而小型的园林空间，就必须选择体量较小的植物以及适宜的用量与之匹配（图 2-13、图 2-14）。

2.4　园林植物的配置与应用

园林植物的配置千变万化，在不同地区、不同场合，由于不同目的及要求，可以有多种多样的组合与种植方式。自然界的山岭平原和河湖溪涧旁的植物景观，具有天然的植物组成和自然景象，是植物配置的艺术创作源泉。植物配置有三种方式，即自然式、规则式、混合式。

自然式植物配置，要求反映自然界植物群落之美，树种多选用树形或树体部分美观或奇特的品种，以不规则的株行距配置成各种形式，主要有孤植、丛植、群植和密林等几种；花卉的布置以花丛、花境为主。中国古典园林和较大的公园、风景区中，大部分区域的植物配置采用自然式。

规则式植物配置，一般配合中轴对称的格局应用，树木配置以等距离行列式、对称式为主，一般在主体建筑物主入口和主干道路两侧常采用这种配置方式。花卉布置通常体现在以图案为主要形式的花坛和花带，有时候也布置成大规模的花坛群。

混合式植物配置，主要指规则式、自然式交错混合，设计强调传统的艺术手法与现代形式相结合。

植物配置的三种形式具体体现为孤植、对植、丛植、列植、群植以及花坛、花境、绿篱等不同栽植方式的单独式组合应用。

2.4.1　园林植物的观赏特性

2.4.1.1　园林植物的形态

植物的形态是指植物的外形轮廓、体量、形状、质地、结构等

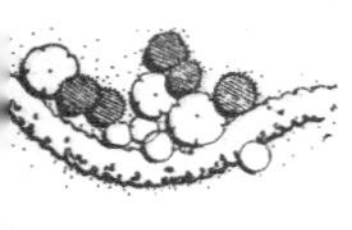

特征的综合表现，植物形态的表现对空间划分、构图、组景等十分重要。

(1) 树形及其在园林景观中的应用

① 树形　树形是指树木的大致外轮廓。树形由树冠及树干组成，树冠由一部分主干、主枝、侧枝及叶幕组成。

不同树种的树形都有其自身的特征，主要受遗传因素决定，同时也受外界因子和园林养护管理措施影响。

树形在生长过程中呈现一定的变化规律，一般所谓某种树有什么样的树形，大抵均指在正常的生长环境下，其成年树的外貌而言。通常各种园林树木的树形可分为下述各种类型。

圆柱形：杜松、钻天杨、铅笔柏等。

尖塔形：雪松、云杉、冷杉、南洋杉等。

圆锥形：圆柏、水杉等。

卵圆形：毛白杨、悬铃木、香椿等。

倒卵形：刺槐、干头柏、旱柳、榉树等。

圆球形：馒头柳、五角枫、干头椿等。

垂枝形：垂柳、垂枝桃、垂枝榆等。

曲枝形：龙桑、龙爪槐、龙爪柳、龙枣、龙游梅等。

拱枝形：迎春、连翘、锦带花等。

盘伞形：老年期油松。

匍匐形：铺地柏、沙地柏、平枝荀子等。

偃卧形：鹿角桧。

棕榈形：棕榈、蒲葵、椰子等。

② 树形与植物景观设计　不同的树形有不同的表现性质，在园林植物景观设计上有独特的作用，可以让人产生不同的心理感受。根据树形的方向性，可以把植物的姿态分为垂直向上类、水平展开类、垂枝类、无方向类及其他类。

垂直向上类植物一般是指上下方向尺度长的植物，比如圆柱形、笔形、尖塔形、圆锥形等都有比较明显的垂直向上感，常见的

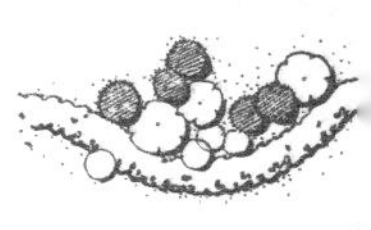

有桧柏、塔柏、铅笔柏、钻天杨、新疆杨、水杉、云杉等。这类植物能够引导人的视线直达天空，突出空间的垂直面，强调了空间的垂直感和高度感，具有高洁、权威、庄严、肃穆、崇高和伟大等表现作用，同时给人以傲慢、孤独、寂寞之感（图 2-15）。

图 2-15 垂直向上感很强的水杉挺拔而孤傲

水平展开类植物一般是指偃卧形、匍匐形等具有水平伸展方向性的植物。常见的有鹿角桧、铺地柏、沙地柏、平枝荀子等。另外，如果一组垂直姿态的植物组合在一起，当长度大于高度时，植物个体的垂直方向性消失，而具有了植物群体的水平方向性，如绿篱、地被，这种群体也具有了水平方向类植物的特征。水平方向类植物有平静、平和、舒展、恒定等表现作用，它的另一面则是疲劳、死亡、空旷和荒凉。这类植物会引导视线向水平方向移动，因此可以增加空间的宽阔感，使构图产生宽阔和延伸的意向（图 2-16）。因此，这类植物与垂直向上类植物配置在一起，具有较强的

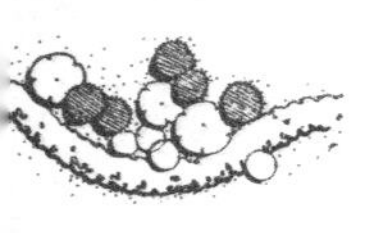

对比效果；此类植物常形成平面效果，因此宜与变化的地形结合应用；也可协调装饰建筑物；水平展开类植物可在构图中重复出现，能产生完整与丰富的绿地效果。

图 2-16　修剪成水平状的松树与水平展开的地被相互协调

垂枝类植物具有明显的悬垂或下弯的枝条，如垂柳、照水梅、垂枝碧桃、龙爪槐、迎春、连翘等。与垂直向上类植物相反，垂枝类植物具有明显的向下的方向性，能将人的视线引向下方，在配置时可以与引导视线向上的植物配合使用，上下呼应。垂枝类植物可以用于水边，柔软下垂的枝条与水面波纹相得益彰，把人的视线引向水面（图 2-17）。

大多数树木都没有明显的方向性，如卵形、圆形、馒头形、丛生形等。这类植物统称为无方向类植物，这类植物在引导视线方面既无方向性也无倾向性，因此，在构图中随便使用都不会破坏设计的统一性。这类植物具有柔和、平静的特征，可以调和其他外形较强烈的形体，但这类植物创造的景观往往没有重点。球形是典型的无方向类，圆球类植物具有内聚性，同时又由于等距放射，同周围任何姿态都能很好地协调。天然的球形植物不多见，园林中应用的大多是人工修剪的球形植物，如水蜡球、刺柏球、小叶黄杨球、红花继木球等。圆球形植物具有浑厚、朴实之感（图 2-18）。

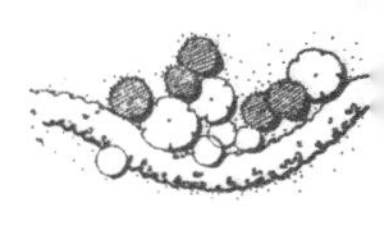

图 2-17　垂柳的枝条把人的视线引向水面

图 2-18　无方向感树形园林应用

各种方向的树木在园林中要结合周围环境合理设计应用，创造和谐美观的景观（图 2-19）。

除以上类型之外，还有一些不规则的、多瘤节的、歪扭的、缠绕螺旋式的及悬崖形和扯旗形的。这些类型的植物具有奇异的外

图 2-19　各种方向感的植物合理搭配

图 2-20　不规则类树形在园林中作孤植树

形，在一个环境中不宜多用，以避免杂乱无章的景象，最好作为孤植树（图 2-20）。

在树形设计应用中还应该注意以下几个问题。

第一，树形并不是一成不变的，在一年当中的不同季节和在不

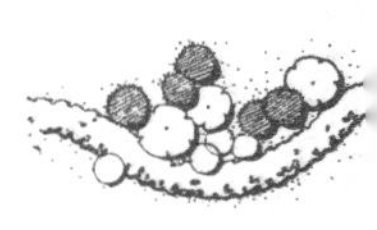

同的生长期树木的姿态是有所变化的，所以在应用时，要对植物的不同时期的不同姿态有很好的了解，进行合理搭配。

第二，不同树形给人的重量感是不同的，一般规则形状的要比不规则形状的重量感强，比如，修剪成规则式的树木，在感觉上就重一些（图 2-21）。

图 2-21 经过修剪的植物重量感要强一些，放在树丛的下部，具有稳定感

第三，在一个景观环境中，不应有太多不同的树形，这样会显得杂乱无章。

第四，各种树形的美化效果不是一成不变的，同一个树形在不同的环境中表现的景观效果有时也会发生变化。

（2）叶形　园林植物的叶子形态各异，许多植物的叶子成为这种植物的主要特征和性状的代表，具有很强的观赏性，如马褂木、羊蹄甲、鸡爪槭、鹅掌柴等。

按照叶片大小和形态，将叶形划分为小型叶（如六月雪、米兰等）、中型叶和大型叶（如芭蕉、椰子等）。不同的叶形在园林中应用也不同，棕榈、椰子的大型羽状叶给人洒脱轻快之感；蒲葵、龟

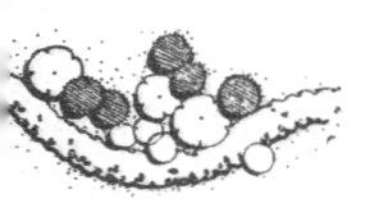

背竹大形的掌状叶则具有朴素之感；而合欢细小的羽状复叶则给人以轻盈秀丽的感觉。此外，叶缘的锯齿、缺刻以及叶片表皮上的绒毛、刺凸等附属物的特性，有时也可起观赏的作用（图 2-22）。

图 2-22　不同形状和大小的叶子组合在一起，刚柔并济

（3）花形与花相

① 花形　园林植物的花朵，有各式各样的形状和大小，单朵的花又常排聚成大小不同、式样各异的花序。在园林应用中一般认为花瓣数多、重瓣性强、花径大、形体奇特者观赏价值高。同时由于花器及其附属物的变化，往往也成为观赏的主要特征，例如金丝桃花朵上长长的金黄色花丝、一品红的苞片等。

② 花相　花的观赏效果不仅仅取决于单朵花及花序的形状，还与花或花序在植株上的分布有着密切的关系。我们将花或花序着生在树冠上的整体表现形貌，特称为花相。将树木的不同花相分述如下。

a. 花相的基本形式

纯式花相：指在开花时，叶片尚未展开，全树只见花不见叶的一类。主要存在于蔷薇科李属、樱属、梅属，玄参科泡桐属，紫薇

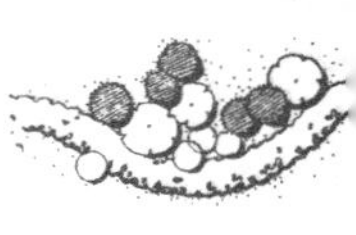

科风铃木属，木兰科木兰属，苏木科紫荆属，木犀科连翘属等。常见的树种有连翘、腊梅、木棉、樱花等。

纯式花相植物花期大都在早春，由于没有树叶遮盖，花感强烈，故能突出春花烂漫的场景。设计时可单种成片栽植，花期尤为壮观（图 2-23）；可用常绿树作背景，对比强烈。也可单株或几株间或种植，早春时节起到画龙点睛的作用。

图 2-23　纯式花相植物成片栽植，呈现春花烂漫景象

衬式花相：是指在展叶后开花，全树花叶相衬，故曰衬式。除了纯式花相植物外，其他植物都属于衬式花相。

衬式花相花感不如纯式花相，不过有些植物开花在绿叶的衬托下更显美丽。而且花与叶形和叶色的对比可使画面更丰富更生动，如牡丹、杜鹃等。另外，衬式花相植物花期局限性小，园林应用选择性强。

b. 花相的类型

独生花相：本类较少、形较奇特，例如苏铁类。

园林中可单株或几株成群栽植，起强调作用，可作孤赏树，起点景作用。

线条花相：花排列于小枝上，形成长形的花枝。由于枝条生长习性的不同，有呈拱状花枝的，有呈直立剑状的，或略短曲如尾状

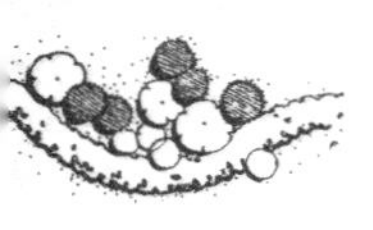

的等。简而言之，本类花相大抵枝条较稀，枝条个性较突出，枝上的花朵成花序的排列也较稀。呈纯式线条花相者有连翘、金钟花等；呈衬式线条花相者有珍珠绣球、三桠绣球等。

星散花相：花朵或花序数量较少，且散布于全树冠各部。衬式星散花相的外貌是在绿色的树冠底色上，零星散布着一些花朵，有丽而不艳、秀而不媚之效，如珍珠梅、鹅掌楸等。纯式星散花相种类较多，花数少而分布稀疏，花感不烈，但亦疏落有致。若于其后能植有绿树背景，则可形成与衬式花相相似的观赏效果。星散花相花朵分散于树冠上，含而不露，给人含蓄、灵透之感，中国古典园林中应用较多，这与古典园林幽静、含蓄的风格特征相吻合。

覆被花相：花或花序着生于树冠的表层，形成覆伞状。属于本花相的树种，纯式花相有绒叶泡桐、泡桐等，衬式花相有广玉兰、七叶树、栾树、紫薇等。衬式覆被花相的树木花期时花和叶子形成两个显出的体块，花期时花的外轮廓影响了整个树体的轮廓，可使树体形态富有张力，花感较为强烈。

团簇花相：花朵或花序形大而多，就全树而言，花感较强烈，但每朵或每个花序的花簇仍能充分表现其特色。呈纯式团簇花相的有玉兰、木兰等。属衬式团簇花相的以大绣球为典型代表。

团簇花相给人以明确、肯定、简洁的感觉，在设计中既可远观也可近赏，是中景树、近景树的良好选材。

密满花相：花或花序密生全树各小枝上，使树冠形成一个整体的大花团，花感最为强烈，例如榆叶梅、毛樱桃、李等。衬式花相如火棘等。

干生花相：花着生于茎干上。种类不多，大抵均产于热带湿润地区。例如槟榔、枣椰、鱼尾葵、山槟榔、木菠萝、可可等。温带地区的紫荆也属干生花相。这类树种常作行道树等用。

各类花相如图 2-24 所示。

（4）果形　许多园林植物的果实既具有很高的经济价值，又有突出的美化作用。园林中为了观赏的目的而选择观果树种时，大抵

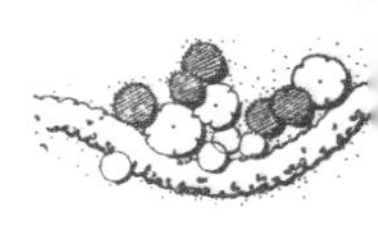

图 2-24　各类花相

注重形与色两个方面。

一般果实的形状以奇、巨、丰为鉴赏标准。所谓“奇”是指形状奇异有趣。例如铜钱树的果实形似铜币；腊肠树的果实好比香肠；秤锤树的果实像秤锤；元宝枫的两个果实合在一起像元宝；佛手的果实似人手等。所谓“巨”是指单体果形较大或果形虽小但形成较大的果穗，前者如柚，后者如接骨木，均可收到引人注目之效。所谓“丰”是就全树而言，无论单果或果穗均应有一定的丰盛数量。

(5) 干形　一些树木的树皮以不同形式开裂、剥落，具有一定的观赏价值，特别是落叶后，成为主要的观赏特色，如悬铃木、白皮松的片状树皮（图 2-25），银杏的纵裂树皮，以及油松的鳞片状树皮等。

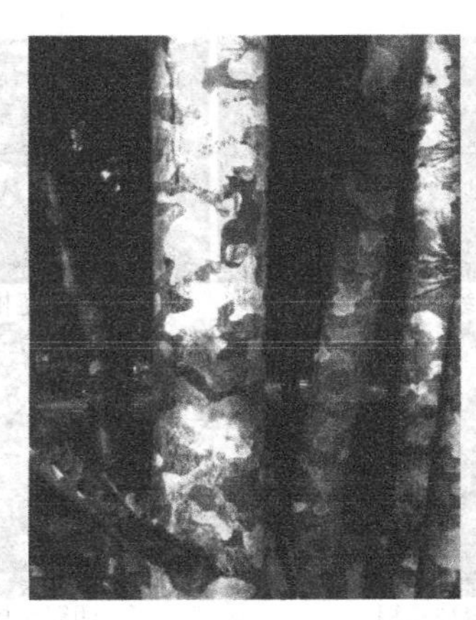

图 2-25　斑驳的白皮松的片状树皮

（6）根形　树木裸露的根部也有一定的观赏价值，我国自古以来即对此有很高的鉴赏水平，并已将此观赏特点应用于园林美化和树木盆景的培养，称为“露根美”。并非所有的树木都有显著的露根，一般情况下，树木达老年期以后，均可或多或少地表现出露根美。露根效果比较明显的树种主要有松、榆、梅、榕、腊梅、山茶、银杏等。

另外，有的热带、亚热带树种具有板根以及发达的悬垂状气生根，能形成根枝连地、独木成林的壮丽景观，如榕树（图 2-26）。

2.4.1.2　园林植物的色彩

在园林植物造景要素中，色彩是最为引人注目的，给人的感受也最为强烈和深刻。色彩的作用多种多样，色彩也给予环境以性格：冷色环境宁静而素雅，暖色环境喜庆而热烈。植物的色彩主要通过叶、花、果、枝、干等部位的颜色表现出来。

（1）叶色　叶色是植株色彩最为突出的元素，因为植物的外表大部分被叶子覆盖，而且在四季变化中叶子的覆盖时间也最长。根据叶色的特点可分为以下几类。

① 绿色类　绿色虽属叶子的基本颜色，但根据颜色的深浅不

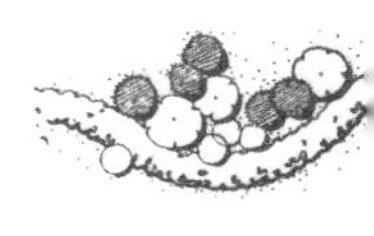

图 2-26 榕树的气生根

同则有嫩绿、浅绿、鲜绿、浓绿、黄绿、褐绿、蓝绿、墨绿、亮绿、暗绿等差别。将不同绿色的树木搭配在一起，能形成美妙的色感（图 2-27）。

图 2-27 湖边各种绿色植物

② 春色叶及新叶有色类　树木的叶色常因季节的不同而发生变化。例如栎树在早春叶子呈现鲜嫩的黄绿色，夏季呈正绿色，秋季为黄褐色。对春季新发生的嫩叶有显著不同叶色的树种，统称为“春色叶树”，例如臭椿、五角枫的春叶呈红色，黄连木春叶呈紫红色等。在南方暖热气候地区，有许多常绿树的新叶不限于在春季发生，而是不论季节只要发出新叶就会具有美丽色彩而有宛若开花的

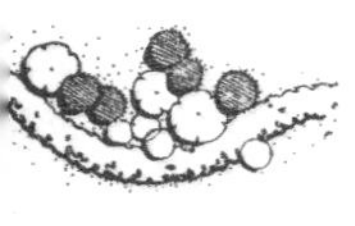

效果，如铁力木等，这一类统称为“新叶有色类”。

本类树木在发叶时能产生类似开花的效果。

③ 秋色叶类　凡在秋季叶色能有显著变化的树种，均称为“秋色叶树”。秋色叶树大体可分为两类，即秋叶呈红色或紫红色的，如鸡爪槭、五角枫、茶条槭、枫香、地锦、盐肤木、柿、黄栌等；秋叶呈黄色或黄褐色的，如银杏、白蜡、复叶槭、栾树、悬铃木、水杉、落叶松等（图 2-28）。

图 2-28　秋色叶树种的园林应用

这只是秋叶的一般变化，实际上在红黄之中又可细分为许多类。在园林实践中，由于秋色期较长，故早为各国人们所重视。例如在我国北方每年深秋观赏黄栌红叶，而南方则以枫香、乌桕的红叶著称。在欧美的秋色叶中，红槲、桦类等最为夺目。而在日本，则以槭树最为普遍。

④ 常色叶类　有些树种常年呈现非绿色的其他异色，特称为“常色叶树”。全年树冠呈紫色的有紫叶小檗、紫叶李、紫叶碧桃、紫叶矮樱等；全年叶均为金黄色的有金叶接骨木、金叶连翘、金叶红瑞木、金叶女贞等（图 2-29）。

⑤ 双色叶类　有些树种，其叶背与叶表的颜色显著不同，在

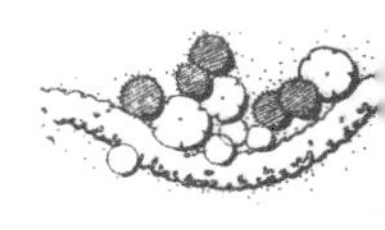

图 2-29　常色叶树种红花继木修剪成球状散植于亭前山坡上，成为很好的点缀

风中由于叶片翻转能形成特殊的变化效果，这类树种特称为“双色叶树”，如银白杨、新疆杨、青紫木等。

⑥ 斑色叶类　绿叶上具有其他颜色的斑点或花纹的树种称为“斑色叶类”，如花叶复叶槭、变叶木、花叶大叶黄杨等。

（2）花色　园林植物的花朵除了各式各样的形状和大小外，花色更是千变万化，形成绚丽斑斓的园林色彩空间。花色作为最主要的观赏要素，变化极多，无法一一列举，只能归纳为几种基本色系。

① 红色系　郁金香、海棠花、榆叶梅、凤凰木、刺桐、扶桑、石榴等。红色系给人活跃、热烈而富有朝气之感，一般寓意着吉祥、喜庆与活力，但是过多使用刺激性强，使人倦怠（图 2-30）。

② 黄色系　蜡梅、迎春、连翘、黄刺梅、金丝桃、黄蝉等。黄色系是最明亮的颜色，有强烈的光明感，使人感觉明快和纯洁。淡黄色给人新生、天真的联想；橙黄色温暖而明快，是易于被人接受的颜色，橙色还是果实的颜色，因此给人以丰收的联想（图 2-31）。

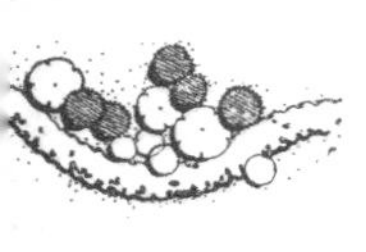

图 2-30　公园大片栽植的红色系郁金香

图 2-31　黄色系花应用于花境

③ 白色系　流苏、刺槐、白玉兰、珍珠梅、太平花、白丁香、梨花、白碧桃等。白色是冷色和暖色之间的过渡色，其明度高，色彩明亮，给人以纯洁、高雅的感觉。在植物造景中，白花对园林色彩调和起着重要的作用。如果色调偏暗，可以植入白色花卉使色彩明快，如蓝色的矮牵牛可以和白色的矮牵牛搭配使用，使色彩明快起来；为了减轻色彩的对比，白色可以使对立的色彩调和起来（图 2-32）。

④ 蓝色系　鸢尾、矮牵牛（蓝色）、鼠尾草、八仙花等。蓝色是极端的冷色，具有沉静和理智的特性。蓝天、大海都是蓝色的，

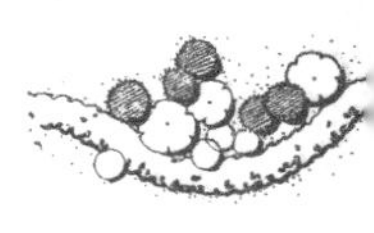

图 2-32　白色能使暗淡的蓝色明快

因此蓝色易给人高远、清澈、超脱的感觉。在园林中，开蓝色花的植物适宜用于安静休息区、老人活动区、疗养院等地。

⑤ 紫色系　紫藤、紫花泡桐、紫丁香、紫荆等。紫色优美高雅、雍容华贵，明亮的紫色给人优雅、妩媚的感觉；暗紫色则给人低沉、神秘的感觉。在园林应用中紫色花若配以白色或黄色，则可以使色彩明亮起来（图 2-33）。

图 2-33　紫色的郁金香雍容华贵

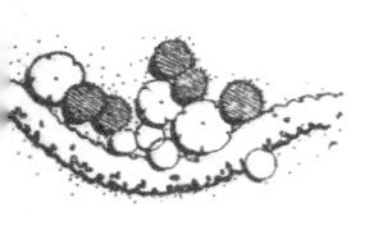

园林植物除了具有相对固定的花色外，还有一些品种花色会发生变化，主要有以下两种情况。

第一，同一品种同一植株的不同枝条、同一枝条的不同花朵，乃至同一朵花的不同部位，也可具有不同的颜色。如牡丹中的“二乔”、杜鹃中的“王冠”、月季中的“金背大红”等品种。

第二，有些植物的花在开花期间会产生花色的变化。如金银花初开为白色，后变黄色；木绣球，初花为翠绿色，盛花期为白色，到开花后期就变为蓝紫色；海棠花蕾时呈现红色，开花后则呈淡粉色，故古人诗中说“著雨胭脂点点消，半开时节最妖娆”；海鲜花初开时为白色、黄白色或淡玫瑰红色，后变为深红色；木芙蓉中的“醉芙蓉”品种，清晨开白花，中午转桃红色，傍晚则变深红色（图 2-34）。

图 2-34　木绣球在不同生长期花色不同

（3）果色　果实的色彩有着极其重要的观赏意义，尤其在秋季，成熟果实以其红、橙、黄等暖色点缀于绿色之间，大添异彩。果实的色彩可归纳为以下几个基本色系。

① 黄色：木瓜、银杏、柑橘类、无花果、杏。

② 白色：红瑞木、雪果。

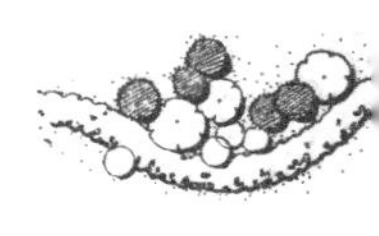

③ 蓝紫色：紫珠、十大功劳、葡萄。

④ 黑色：女贞、爬山虎、君迁子、樟。

⑤ 红色：金银木、多花荀子、珊瑚树、欧洲冬青、山楂、火棘。

除以上基本色彩外，有的果实还具有花纹。此外，由于光泽、透明度等的不同，又有许多细微的变化。在成熟的过程中，不同时期也表现出不同的色泽。

在选用观果树种时，最好选择果实不易脱落而浆汁较少的，以便能长期观赏。

（4）枝、干色　枝干具有美丽色彩的树木，特称为观枝干树种。此类树木当深秋落叶后尤为引人注目，对创造冬态景观有很重要的意义。常见红色枝条的有红瑞木、野蔷薇、杏、山杏等；古铜色枝的有山桃等；绿色枝的有梧桐、棣棠、迎春等。树干呈暗紫色的有紫竹，呈黄色的有金竹、黄桦等，呈绿色的有竹子、梧桐等，呈白色的有白皮松、白桦等，呈斑驳色彩的有黄金间碧竹、金镶玉竹、木瓜等。这些树种是表现冬季景观的好素材。

（5）园林植物色彩设计　植物的色彩是植物造景重要的内容，植物色彩的配置创作主要根据色彩的美学原则。

① 暖色系的应用　暖色系主要是指红、橙、黄三色及其相邻色。暖色系象征着热烈欢快，让人激动和振奋。一般用于庆典场面，如广场花坛、主要入口等（图 2-35）；暖色给人温暖的感觉，因此一般用于早春或寒冷地区。一般不宜大面积用于高速公路和城市道路用地，以免刺激司机视线。在植物色彩的搭配中红色、橘红色、黄色、粉红色都可以给整个设计增添活力和兴奋点。

② 冷色系的应用　冷色系主要是指青、蓝及其相邻色。冷色在视觉上有深远的视觉效果，因此在空间较小的环境，可用冷色，以增加空间的深远感。在视觉上冷色比暖色面积感要小，要想获得与暖色同等大小的面积感觉，就要使冷色面积稍大于暖色。冷色给

图 2-35　昆明世博园入口广场运用大量暖色花卉，壮观而热烈

图 2-36　冷色系园林植物使环境显得清新淡雅

人以宁静、清凉的感觉，常用于安静舒缓的地方，比如公园的安静休息区、纪念性园林、精神病院等。炎热夏季温度较高的地方应该用冷色植物，给人以清凉的感觉（图 2-36）。

③ 类似色使用　一般认为，类似色的使用，会营造协调的效果，其视觉效果易于让人接受（图 2-37），但是类似色组合在一起久而久之宜产生乏味、单调的感觉。

④ 对比色的应用　对比色彩组合在一起给人感觉鲜明、强烈，利用色彩的对比加强景观的视觉效果，例如深色的树叶可以给鲜艳的花朵和枝叶作背景强化鲜艳颜色的效果（图 2-38）。

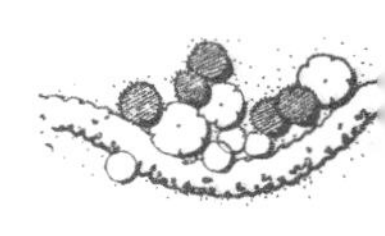

图 2-37 类似色园林植物应用

图 2-38 对比色应用在一起使色彩更加鲜明、刺激

2.4.1.3 园林植物的质感

园林植物的质感是园林植物给人的视觉感和触觉感，视觉感和触觉感的不同会给人以不同的感受和联想。质感是人的视觉以及触觉感受，是一种心理反应。

(1) 植物质感的类型　植物的质感取决于叶片、枝条的大小、形状、排列形式及其表面的光润度等。主要分为粗质型、细质型、中质型。

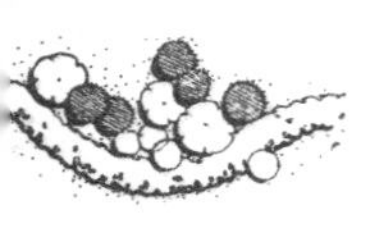

① 粗质型植物　粗质型植物一般具有大叶片、疏松粗壮的枝干和松散的树冠。如鸡蛋花、南洋杉、广玉兰、桃花心木、刺桐、木棉等。粗质型植物有较大的明暗变化，看起来强壮、坚固、刚健，外观上也比细质植物更空旷疏松，当将其植于中粗型及细质型植物丛中时，便会跳跃而出，首先为人所见。因此，粗质型植物可在景观中作为焦点，以吸引观赏者的注意力。也正因为如此，粗质型植物不宜使用过多，避免喧宾夺主，反而使景观显得零乱无特色。粗质型的植物多用于大面积场地，而慎用于庭院等小面积空间（图 2-39）。

图 2-39　粗质型树木在园中成为视线焦点

② 细质型植物　细质型植物具有许多小叶片、微小脆弱的小枝以及整齐密集而紧凑的树冠，如文竹、天门冬、柽柳、小叶榄仁、黄金叶、珍珠绣线菊等。细质型植物给人的心理感受是柔软、细腻、优雅。

由于叶小而浓密，有扩大视线距离的作用。因此，可大面积运用细质型的植物来加大空间神秘感，适于紧凑狭窄的空间。又由于树冠整齐轮廓清晰，可作为背景材料。细质型植物可作为边界起到修饰作用，也经常修剪成球形当作前景（图 2-40）。

③ 中质型植物　中质型植物一般具有中等大小的叶片、枝干，

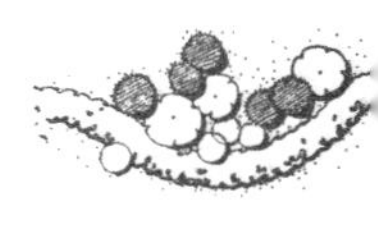

图 2-40　细质型植物作边界，起到很好的修饰作用

比粗质型植物柔软，树冠介于疏松和精密之间。多数植物属此类型，如小叶榕、红花继木、桂花、黄榕等。这类植物给人的感觉是自然、茁壮。景观中常以群组种植的方式作为粗质型与细质型的过渡，配置中数量比较大。

（2）园林植物质感的设计与应用　一个特定范围内，质感种类太少，容易给人单调乏味的感觉；但如果质感种类过多，其布局又会显得杂乱（图 2-41）。有意识地将不同质感的植物搭配在一起，能够起到相互补充和相互映衬的作用，使景观更加丰富耐看（图 2-42）。大空间中可稍增加粗质感植物类型，小空间则可多用些细质型的材料。粗质型植物有使景物趋向赏景者的动感，使空间显得拥挤，而细质感植物有使景物远离赏景者的动感，会产生一个大于实际空间的幻觉。

植物的质感也不是一成不变的，观赏距离、光线以及修剪手段等都会直接或间接地影响植物的质感，近距离可以观察单株植物质感的细部变化，较远则只能看到植物整体的质感印象，更远的距离则只能看到不同植物群落质感的重叠、交织。环境中光线强弱和光线角度的不同也会产生不同的质感效果。强烈的光线使得植物的明

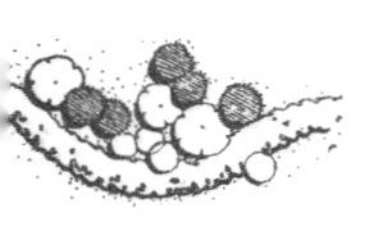

图 2-41　植物质感种类多，显得杂乱

图 2-42　粗质型的国王椰子和加拿列海枣作主景，
勒杜鹃和黄金榕球作前景，配置成最美的景观

暗对比加强，从而使得质感趋于粗糙；相反，柔和的光线使得植物的明暗对比减弱，质感趋于精细。另外，通过修剪、整形等操作手段可以改变植物的轮廓和表面特征，进而使人产生不同的视觉和触

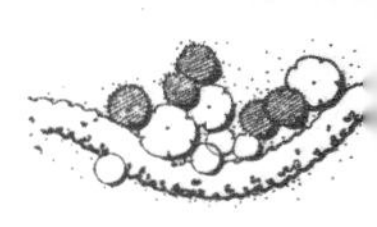

觉感受，也可以大大提高植物的细质感。而同种植物与不同材料对比也会产生不同的质感效果，比如书带草栽植于毛石砌作的种植池中显得精细，而栽植于抛光的花岗岩种植池中则显得粗糙。所以，植物的质感在一定程度上来说是不确定的。在景观设计的过程中，要充分利用植物质感的这种可变性，综合把握整体环境和非植物材料的质感，营造符合主题且具特色的景观。

2.4.1.4　园林植物的芳香

园林植物除了给人视觉上的冲击之外，它的芳香气味更具有独特的审美效应，为园林增添了无穷生机，在园林植物的观赏性状中最具特色。芳香植物是兼有药用植物和天然香料植物共有属性的植物类群，其组织、器官中含有香精油、挥发油或难挥发物质，具有芳香的气味。我国芳香植物资源十分丰富，已发现的芳香植物共有70 余科 200 余属 600～800 种。

芳香植物分为花香类、叶香类、果香类及其他类。常用的芳香植物有丁香、香樟、白玉兰、薰衣草、垂丝海棠、紫玉兰、广玉兰、合欢、八仙花、小叶栀子、柠檬马鞭草、月桂、丹桂、金桂、黑松、腊梅、花梅、迷迭香、茶梅等。

（1）芳香植物的园林功能

① 植物的芳香能杀灭病菌、净化环境　有些芳香植物能够减少有毒有害气体、吸附灰尘，使空气得到净化。如米兰能吸收空气中的二氧化硫；桂花、蜡梅能吸收汞蒸气；松柏类树种有利于改善空气中的负离子含量；丁香、紫茉莉、含笑、米兰等不仅对二氧化硫、氟化氢和氯气中的一种或几种有毒气体具有吸收能力，还能吸收化学烟雾、防尘降噪；紫茉莉分泌的气体 5 秒钟即可杀死白喉、结核菌、痢疾杆菌等病毒。因此，在树种规划时选用一些芳香植物，并结合水景配置，可使空气质量得到极大改善。

② 植物的芳香还能调节身心，具有治疗疾病的作用和保健功能　植物气味治疗疾病已为许多国内外专家证实，医学界已发现有150 多种香气可用来治病。如桂花的香气有解郁、清肺、辟秽之功

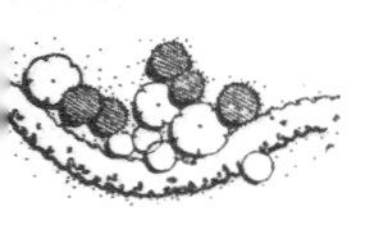

能；菊花的香气能治头痛、头晕、感冒、眼翳；丁香花的香气对牙痛有镇痛作用；茉莉的芳香对头晕、目眩、鼻塞等症状有明显的缓解作用；郁金香的香气能疏肝利胆；槐花香可以泻热凉血；薰衣草香味具有抗菌消炎的作用；矮紫杉、檀香、沉香等香气可使人心平气和、情绪稳定等。

③ 植物的芳香能够吸引游人和昆虫　芳香的气味能够指引游人寻香而至，如狮子林燕誉堂洞门上题有“听香”两字，寓意深刻。梅疏影横斜，暗香浮动，踏雪寻梅，靠的就是香气的指引。

另外，植物的香气还能吸引很多昆虫，特别是蝴蝶，能够增加生物多样性，并形成别具特色的园林景观。

④ 植物的芳香有助于园林意境的形成　许多植物的香味都具有深深的文化底蕴，给园林带来独特的韵味和意境。如梅花，“遥知不是雪，为有暗香来”；又如“禅客”栀子花，“薰风微处留香雪”；再如夏秋盛开的茉莉，“燕寝香中暑气清，更烦云鬓插琼英”。苏州留园的“闻木犀香轩”，网师园的“小山丛桂轩”，拙政园的“远香堂”、“荷风四面亭”、“玉兰堂”，承德避暑山庄的“香远益清”、“冷香厅”等，都是借用桂花、梅花、荷花、玉兰等的香味来抒发意境和情绪。

（2）芳香植物的园林应用

① 芳香植物专类园　很多芳香植物本身就是美丽的观赏植物，可以建立专类园。配置时注意乔木、灌木、藤本、草本的合理搭配以及香气、色相、季相的搭配互补，再配以其他园林设计要素，如提供观赏、食用、茶饮、美容、沐浴、按摩等服务，使这类专类园具有生产、旅游、服务、休闲等功能。

② 香花蝴蝶园　利用植物的芳香特性，集中种植蝴蝶授粉的芳香植物，放养蝴蝶，营造蝴蝶园。蝴蝶是会飞的“花朵”，不仅为园林增色，还能帮助香花植物进行授粉。

③ 夜游园　夜晚，随着人们的视觉器官功能的减弱，其他感官就会逐渐变得敏感。很多园林空间夜晚也有大量人活动，这时植

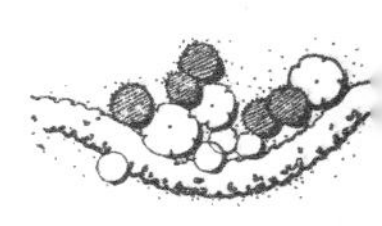

物的芳香就成为园林空间的最为吸引人的因素了，比如居住区、大专院校、医院住院部以及疗养院等环境，都可以合理布置一定量的芳香植物，满足人们的需要。

④ 服务于特殊人群的芳香绿地　芳香植物相对于特殊环境的特殊人群，往往可以发挥独特的功能。比如学校专为学生建设的以菊花、薄荷等作为主要配置材料的芳香园，有清神益智的作用；居住区内一般都设有老年运动中心，老年人喜欢太极拳、气功等运动方式，面对某些特定的植物进行呼吸锻炼，具有一定的医疗保健作用。

⑤ 遮盖不雅环境的难闻气味　由于居民生活的需求，城镇密集区通常会存在一些不雅环境，常常使用植物来进行遮盖。然而，单是视觉上的屏蔽并不能掩盖难闻的气味，给游览和休憩带来不便。因此，可以考虑在散发不良气味的环境中配置芳香植物。如厕所、垃圾暂存处、化粪池等地，都可散植一些香味浓郁的植物。

(3) 芳香植物园林应用需注意的问题

① 根据园林的功能，选择适合的芳香植物　如在气氛轻松活泼的中心场地或游乐区，宜选择茉莉、百合等使人兴奋的种类；而在安静的休息区，应选择薰衣草、紫罗兰、檀香木、侧柏、莳萝等使人镇静的种类。

② 控制香味的浓度　露天环境，空气流动快，香气易扩散而达不到预期效果，因此必须通过地形或建筑物形成小环境才能维持一定的香气浓度、达到预期的效果；同时应注意种植地的主要风向，一般将芳香植物布置在上风向，以便于香味的流动与扩散。对于一些香味特别浓烈的植物（如暴马丁香、夜来香等），不宜集中大量种植，否则过浓的香味，会让人感到不适。

③ 香味的搭配　一定区域范围内确定1～2种芳香植物为主要的香气来源，并控制其他芳香植物的种类和数量，以避免香气混杂。

2.4.1.5　园林植物的意境

植物不仅能令人赏心悦目，还可以进行意境的创作。人们对景

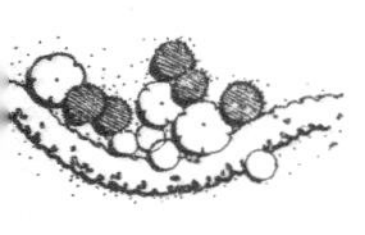

象由直觉开始，通过联想而深化展开，从而产生生动优美的园林意境。“意境”是中国古典园林的核心。“意境”中“意”是寄情，“境”是借物，借物抒情、景情交融而产生意境。

人们常借助植物抒发情怀，寓情于景。比如，松、竹、梅“岁寒三友”。在冰天雪地的严冬，自然界里许多生物销声匿迹，唯有松、竹、梅傲霜迎雪，屹然挺立，因此古人称之为“岁寒三友”，推崇其顽强的性格和斗争精神。

松枝傲骨铮铮，柏树庄严肃穆，且都四季常青，历严冬而不衰。松柏是中国园林的主要树种，常以松柏象征坚贞不屈的英雄气概。《荀子》“松柏经隆冬而不凋，蒙霜雪而不变，可谓得其真”，“岁不寒无以知松柏，事不难无以知君子”。纪念性园林就常用松柏类植物，以表达先人精神长盛不衰的寓意。

竹子坚挺潇洒，节格刚直，它“未出土时便有节，及凌云处更虚心”。因此，古人常以“玉可碎而不可改其白，竹可焚而不可毁其节”来比喻人的气节。宋代大文豪苏轼居然到了“宁可食无肉，不可居无竹”的境界。

梅花枝干苍劲挺秀，宁折不弯，它在冰中孕蕾，雪里开花，被人们用来象征坚强不屈的意志。“万花敢向雪中出，一树独先天下春。”比如周恩来纪念馆的一品梅就是用梅花的寓意来代表周总理的伟大人格。

桃李在明媚的阳光下，枝繁叶茂，果实累累，因此人们常以“桃李满天下”来比喻名士的门生众多。

荷花“出污泥而不染，濯清涟而不妖”，被认为是脱离庸俗而具有理想的象征。

花木又常被用来表示爱情和思念：红玫瑰表示爱情；红豆树意味着相思和怀念；而青枝碧叶的梧桐则是伉俪深情的象征，古代传说梧为雄，桐为雌，梧桐同长同老，同生同死，因此梧桐在诗文中常表示男女之间至死不渝的爱情。“梧桐相待老，鸳鸯合双死。”

除以上所述之外，还有很多园林植物都被赋予一定的含义，如

杜鹃、玉兰、桂花、罗汉松等，园林中广泛应用创造一定的景观意境。除了植物本身被赋予一定的寓意和情感以外，植物巧妙装饰建筑，能营造出“槐荫当窗，竹影映墙，梧桐匝地”等意境。植物配置还可以与诗情画意结合，形成优美的韵味深远的园林景观。如拙政园的“听雨轩”、“留听阁”，是借芭蕉、残荷在风吹雨打时所产生的声响效果而给人以艺术感受；拙政园中的“雪香云蔚”和“远香益清”（远香堂）等则是借桂花、梅花、荷花等的香气而得名。由于植物具有丰富的寓意和立体观赏特征，使得文人居住的园林、庭院充满了诗情画意，声色俱佳。这些都成为中国园林艺术中的精品。

具有历史文化内涵的园林植物作为中国园林艺术中的精品，许多传统的手法和独到之处值得借鉴。但是由于过于追崇植物的寓意，使得古典园林的植物选择比较单一。根据调查，拙政园、留园、网师园、狮子林、环秀山庄、沧浪亭等江南私家名园中，罗汉松、白玉兰、桂花等 11 种植物重复率高达 100%，而重复率在 50%以上的植物约有 70 种。江南私家园林植物种类不超过 200 种。

随着时代的进步，我们应根据当今社会的发展形势和文化背景，在传统文化的基础上创造出新的、具有当代文化特色的植物景观。除了传统意义上的植物意境，更加注重生物多样性和生态园林景观，创造现代园林植物景观意境，植物意境的创造形式也更加丰富多样。如图 2-43 所示，天安门广场东西两侧绿化带工程，将复杂多变的祥云提炼成庄重、简洁、大气的祥云符号，配合古典大气的画框，形成一幅画卷，寓意“安定祥和，蒸蒸日上”。以大叶黄杨为主色调体现庄重大气，采用金叶女贞镶边，在装饰的同时体现了活力与灵动。

总之，丰富多彩的园林植物，蕴含着丰富多彩的情感。我们在实际工作中应善于运用植物的象征意义，配置成富有意境的园林景观。

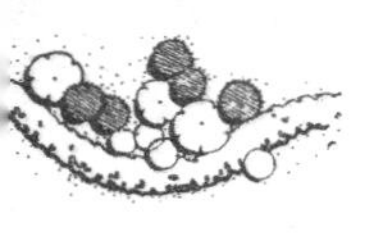

图 2-43 天安门广场两侧绿化带

2.4.2 园林植物的造景功能与应用

植物作为一个园林设计要素，在景观设计中充当重要角色，具有很强的造景作用。园林植物以其特有的姿态、色彩、芳香以及韵味等美感，可形成园林中诸多的造景形式，主要表现在以下几个方面。

2.4.2.1 组景功能

（1）构成主景 园林植物可单独作为主景进行造景，充分发挥园林植物的观赏作用。植物可以单株孤植作主景，充分发挥植物的个体美，也可以群植作主景，展示植物的群体美。单株作主景一般要求树木形体高大、姿态优美；群置的植物要求植物群体的色彩、体量、位置都要合理（图 2-44）。

（2）配合成景 应用园林植物充当配景，衬托主景，使主景的形态、色彩更醒目，让人获得更佳的观赏效果。为了达到理想的配景效果，应根据主体对象，来确定配景植物的种类、色彩、规格以及配置方式等。

① 作背景 运用园林植物给雕塑、喷泉、建筑以及植物本身

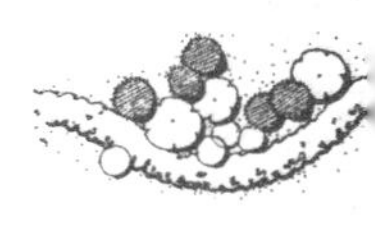

图 2-44 群植植物景观作主景

等元素作背景，能够更加突出前景和主景。用作背景的植物一般要求密植，范围超过主景。深绿色常绿树多用作背景，效果较好（图2-45）。

图 2-45 植物作背景

② 作夹景 为了突出轴线端点景物，在轴线两侧以树丛、树干加以屏障，形成左右遮挡的狭长空间，形成夹景（图 2-46）。

③ 作框景 植物作框景是利用树木枝干作边框，有选择地摄取空间优美景色，而隔绝遮挡不必要的部分，使主题更集中、鲜明的造景手法。框景集自然美、绘画美、建筑美于一体，形成一幅幅立体的画，艺术感染力强，是一种有效的强制性观赏方法。植物作

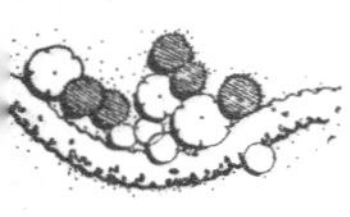

图 2-46　植物作夹景

图 2-47　植物作框景

框景更显自然、灵活与生动（图 2-47）。

④ 作漏景　运用植物的干或枝作漏景，使对面的景物若隐若现地展示，含蓄雅致，使景色的闪烁变幻富有情趣，如图 2-48 所示。

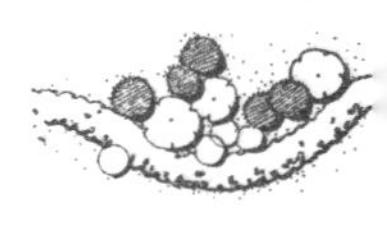

图 2-48　植物作漏景

⑤ 作障景　利用植物控制人的视线，对主体景物进行适当的遮挡，在短时间内实现视觉的大转移。障景有两方面的作用：一是达到“山穷水尽疑无路，柳暗花明又一村”的境界，使人产生向往、悬念、入胜的心态，达到欲扬先抑的目的（图 2-49）；二是“俗则屏之”，就是把不良的景观进行遮挡，比如垃圾站、厕所等。

图 2-49　入口处植物作障景，欲扬先抑，引人入胜

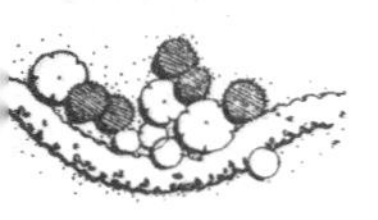

2.4.2.2 联系景物

就是通过植物将环境中众多在形状、色彩、体量、功能、地位等方面异质性较大的要素联系起来，形成有机整体。联系景物的植物要求整体连贯性强（图 2-50）。

图 2-50　地被把稀疏的大乔木联系成一个整体

2.4.2.3 组织空间

(1) 创造空间　植物可以起到组织空间的作用，利用植物不同的姿态及不同的配置方式，从而组合形成不同类型的园林空间形式。

① 开敞空间　一般以低矮的灌木和地被植物为主形成的空间，多为开敞空间。在开阔的草地上星散几株大乔木，对人的视线影响不大，也算开敞空间。开敞空间一般多见于开放式绿地，如城市广场、城市公园等绿地中。开敞绿地视线通透、视野辽阔，空间气氛明快、开朗，使人心胸开阔，轻松自由（图 2-51）。

② 半开敞空间　半开敞空间是指在一定区域范围内，四周不全开敞，而是用植物遮挡了部分视角。半开敞空间有两种表现形式：一是指人的视线透过稀疏的树干可到达远处的空间；二是指空间开敞度小，单方向，一面隐蔽，另一面透视。

半开敞空间的特点是视线时而通透，时而受阻，使园林空间富于变化（图 2-52）。

图 2-51　植物形成开敞空间

图 2-52　稀疏的树干形成半开敞空间，使远方的景物若隐若现

③ 封闭空间　人的视线在四周和上方均被屏蔽的空间，称为封闭空间。由于人的视线受阻，近景的感染力强，因此封闭空间的植物配置要相对比较精致。多用于庭院以及其他绿地的小环境空间，封闭空间的特点是空间相对幽暗，无方向性，私密性与隔离性强（图 2-53）。

图 2-53　植物形成封闭空间

④ 覆盖空间　由植物浓密的枝叶相互交接构成覆盖顶面，视线不能向上，只能通向四周通透的空间。高大乔木是形成覆盖空间的良好材料，此类植物树冠庞大，树干占据空间小，能形成很好的覆盖效果。此外，攀缘植物的棚架式造景方式也能够形成有效的覆盖空间。覆盖空间也包括“隧道空间”（绿色走廊）。覆盖空间的特点是空间较凉爽，具有窥视性和归属感（图 2-54）。

⑤ 纵深空间　两侧从上到下均被植物所挡，形成纵深空间。

图 2-54　乔木形成覆盖空间

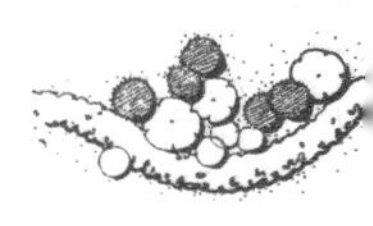

树冠紧凑的中小乔木形成的树列、修剪整齐的高篱都可用作形成纵深空间。纵深空间上方和前方较开敞，将人的视线引向空间的端点极易形成夹景效果。纵深空间的方向感强，这种空间给人以庄严、肃穆、紧张的感觉（图 2-55）。

图 2-55 园路两侧密植林木，形成纵深空间

⑥ 垂直空间 用植物封闭垂直面，开敞顶平面，中间空旷，形成了一个方向垂直、向上敞开的垂直植物空间。分枝点较低、树冠紧凑的中小乔木形成的树列或修剪整齐的高树篱，都可以构成垂直空间。这类空间只有上面是敞开的，使人翘首仰望，将视线导向空中，能给人以强烈的封闭感、隔离感和归属感（图 2-56）。

植物与其他要素有机配合，共同组合成景，创造各种空间，各个空间并不是孤立存在的，而是互相穿插，融合为一体，使游人在不同的空间感受景色的变换，步移景异，如图 2-57 所示为植物造景形成的各种园林空间。

（2）加强空间的联系 园林植物可以加强相邻空间的连续和流通，园林中不同的园林空间既相互独立，又不能各自孤立，通过园林植物的连续不间断的布局，能使相邻的不同空间相互联系，成为有机整体，从而就能够造就空间之间含蓄而灵活多变的相互掩映与

图 2-56　植物围合形成垂直空间

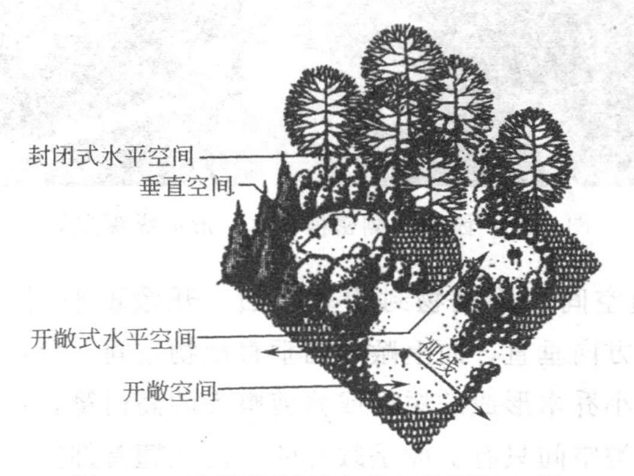

图 2-57　植物造景形成的各种园林空间

穿插、流通（图 2-58）。

（3）突出空间的对比　利用园林植物可以突出空间的开与合、收与放、明与暗、虚与实等对比，从而产生多变而感人的艺术效果，使空间富有吸引力。如林木森森的空间显得暗，而一片开阔的草坪则显得明，两者由于对比而使各自的空间特征得到了加强。

（4）强化空间的深度　“景贵乎深，不曲不深”，运用园林植物的色彩、形体、搭配方式等的变化能营建出园林空间的曲折感与深度感。如一条曲折的小路穿行于林地之中，能使本来不大的空间

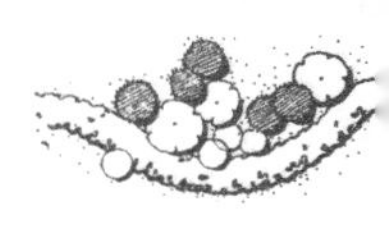

图 2-58 地被把园路两侧的空间联系成一个整体

图 2-59 小路穿行于林地，因为路旁植物的适当遮挡，使空间具有深度感

显得具有了深度感（图 2-59）。

2.4.2.4 改观地势

园林中地形的高低起伏，往往使人产生新奇感，同时也增强了空间的变化。利用植物能强调地形的高低和平缓起伏。

（1）加强地形起伏 植物的种植能够加强地形表现在两个方面：一是平地布置高矮不同的植物，使得本来平坦无奇的地面上变

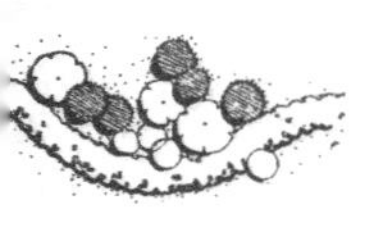

得丰富而富有层次感；二是在高地布置高的植物，低地布置矮的植物，以增加地形的起伏（图 2-60）。

图 2-60　园林植物加强地形起伏

（2）缓和地形变化　在园林布局时，有时为了平缓起伏较大的地形，就在低处布置高的植物，高处布置矮的植物。

2.4.3　园林树木的配置与造景

园林树木是环境绿化的主要植物材料，在园林中起着骨干作用。树木主要分乔木和灌木。

乔木是在植物中体量最大，也是外观视觉效果最明显的植物类型。乔木是园林设计的基础和主体，通常在植物景观配置中占主要角色，尤其是大型园林景观中，乔木景观几乎决定了整个园区的植物景观效果，形成整个园景的植物景观框架（图 2-61）。

乔木配置时，首先确定基调树种，一般 3～5 种，不宜太多，然后在其中点缀异质类乔木，根据场地大小以及特征与功能要求一般在 5～30 种不等。

灌木是人体尺度最佳观赏点的群体植物，很多灌木都具有优美的树形和秀丽的花朵，观赏特性较强，常常作为重点点缀使用。同

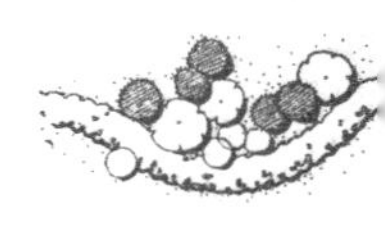

图 2-61 乔木作为园景的基础和骨架

图 2-62 开花灌木成为主要观赏点

时灌木处于植物群落中的中层和下层，和人们的视线平行，也是和人尺度最接近的植物类型，是植物景观中的观赏重点，因此，灌木是人们步行途中最美的风景线，灌木从而形成主要的景观特色（图 2-62）。

灌木常常作为乔木设计的补充层可以遮挡住不需要的景色，是

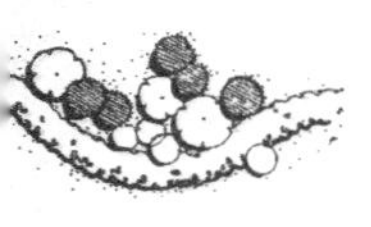

最能实现屏障作用的处理方式。

在设计时考虑灌木的这种特征恰到好处地布置灌木的位置。将植物点缀其间，形成凹凸有致自然过渡的布局方式。

乔木、灌木在配置时要考虑每一株植物的生理特性、形态特征以及观赏特性，结合场地的大小、功能需求选择合适的植物种类和数量。乔木、灌木在园林中的配置形式主要有以下几种。

2.4.3.1 孤植

孤植树是指乔木孤立种植的一种形式，主要表现树木的个体美。孤植树在艺术构图上，是作为局部主景或者是为获取庇荫而设置的。孤植树必须有较为开阔的空间环境，游人可以从多个位置和角度去观赏，一般需要有树高度 4 倍的观赏视距。孤植树可以栽植在草坪、广场、湖畔、桥头、岛屿、斜坡、园路的尽头或拐弯处、建筑旁等。在设计孤植树时，需要与周围环境相适应，一般要有天空、水面、草地等作背景、衬托，以表现孤植树的形、姿、色、韵等。

孤植树对树种的要求较高，一般要求树木形体高大、姿态优美、树冠开阔、枝叶茂盛、生长健壮、寿命长、无污染或者是具有特殊价值等。有时为了增强其雄伟的感觉，可以用二株或三株同种树紧密种植在一起，形成一个单元，远看与单株植物效果相同。常见适宜作孤植树的树种有香樟、榕树、悬铃木、朴树、雪松、银杏、七叶树、广玉兰、金钱松、油松、云杉、白皮松、枫香、白桦、枫杨、乌桕等（图 2-63）。

2.4.3.2 对植

对植是指按一定轴线关系对称或均衡对应种植的两株或具有两株整体效果的两组树木的一种配置形式，其形式有对称和非对称两种。

(1) 对称栽植　常用在规则式构图中，是用两株同种同龄的树木对称栽植在主体景物的两侧，具有严肃、庄严的效果。对称栽植要求树形、姿态一致。

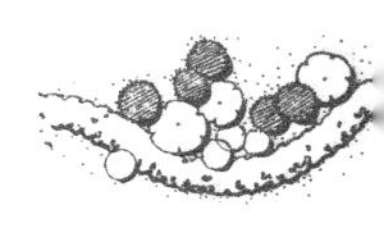

图 2-63　水畔孤植的大榕树

（2）非对称栽植　多用在自然式构图中，运用不对称均衡的原理，轴线两边的树木在体形、大小、色彩上有差异，但在轴线的两边须取得均衡。常栽植在出入口两侧、桥头、石级蹬道旁、建筑入口旁等处，具有规整与生动、活泼的效果。

对植树的设计对于树种一般要求树木形态美观或树冠整齐、花叶娇美。对称栽植多选用树冠形状比较整齐的树种（如龙柏、雪松等），或者选用可进行整形修剪的树种进行人工造型，以便从形体上取得规整对称的效果。非对称栽植形式对树种的要求较为宽松，数量上可不一定是两株（图 2-64、图 2-65）。

2.4.3.3　列植

列植是指按一定的株距，沿直线（或曲线）呈线性的排列种植。列植在设计形式上有单纯列植和混合列植。单纯列植是同一规格的同一种树种简单地重复排列，具有强烈的统一感和方向性，但相对单调、呆板。混合列植是用两种或两种以上的树木进行相间排列，形成有节奏的韵律变化。混合列植因树种的不同，产生色彩、形态、季相等变化，从而丰富植物景观，但是如果树种超过三种，

图 2-64　对称式栽植

图 2-65　入口两侧作非对称式栽植

则会显得杂乱无章。

列植需要选择树冠形体整齐、生长均衡的树种。数列的株行距取决于树种的特性，一般乔木 3～8 米、灌木 1～5 米。

列植一般用于自然式园林局部或规则式园林，如广场、道路两

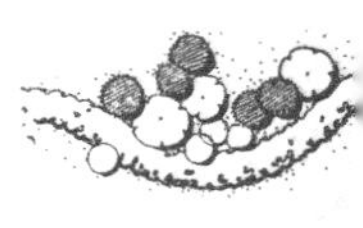

侧、分车绿带、滨河绿带、办公楼前绿化等，行道树是最常见的列植景观（图 2-66）。

图 2-66　公园门口作弧形列植的松树

2.4.3.4　丛植

丛植通常是由两株到十几株同种或异种乔木、灌木，或乔木、灌木组合而成的种植类型。是园林绿地中重点布置的一种种植类型。

丛植是指由多株植物作不规则近距离组合的种植形式。丛植是具有整体效果的植物群体景观，主要反映自然界植物小规模群体植物的形象美。这种群体形象美又是通过植物个体之间的有机组合与搭配来体现的。

作为树丛，可以是单纯树木的配合，也可以是树木与山石、花卉等相结合，形成丰富景观。树丛可作局部主景，也可作配景、障景、隔景或背景。作为庇荫用的树丛，通常采用树冠开展的高大乔木为宜，一般不与灌木配合。树丛下可以放置自然山石或设置座椅，以增加野趣和供游人休息。丛植主要有以下几种基本形式。

（1）两株配合　两株树丛配置既要协调，又要有对比，如果两株植物大小、树姿等完全一致，就会显得呆板；如果差异过大，又显得不协调。最好是同一树种，或外观相似的不同树种，要求在大小、树姿、树势等方面有一定的差异。一般要求两树间距要小于较大树冠直径，形成一个整体。在造型上一般选择一倚一直，一仰一俯的不同姿态进行配置，使之互相呼应，顾盼有情（图 2-67）。

图 2-67　两株丛植

（2）三株配合　三株树配置应用中，要求最好同为一个树种，最多为两个树种，且两树种形态相近。三株树丛植，立面上大小、树姿要有对比；平面上忌成一条直线，也不要成等边和等腰三角形，三株树大小不一，形成两组，最大的一株与最小的一株成为一组，中等大小的一株为一组。两小组在动势上要有呼应，顾盼有情，形成一个不可分割的整体。三株树应成为一个整体，不能太散，也不能太密集（图 2-68）。

（3）四株配合　四株树木配置在一起，树种最多有两种，且树形相似，在平面上一般呈不等边三角形或不等边四角形，立面及株距的变化基本等同三株丛植形式。四株树栽植不能成一条直线，要分组栽植，可分为两组或三组，呈 3∶1 组合或 2∶1∶1 组合，不宜采用 2∶2 的对等栽植（图 2-69）。

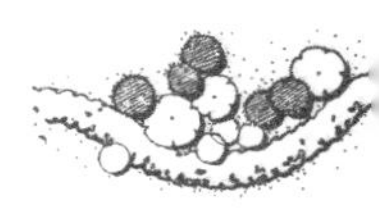

图 2-68　三株丛植

图 2-69　四株丛植

（4）五株配置　五株丛植的变化较为丰富，但树种最多不超过三种，其基本要求与二株、三株配置相同，在数量的分配上有3∶2和4∶1，其他在平面及立面的造型方面同二株、三株配置（图 2-70）。

树木的配置，株数越多，配置起来越复杂，但是都有一定的规律性：三株是由一株和两株组成，四株是由三株和一株组成，五株

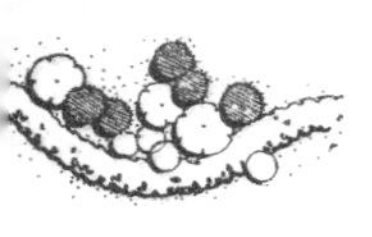

图 2-70　五株丛植

则是由一株和四株或三株和两株组成，六株以上依此类推。

2.4.3.5　群植

群植是指由10～30株树木组合种植的一种配置形式，所表现的是树木较大规模的群体美。园林中常用以组织空间层次、划分区域、组成主配景，也可起隔离、屏障等作用。

树群可分为单纯树群和混交树群。单纯树群只有一种树木，树群整体统一，气势大，突出个性美。混交树群由多种树木混合组成，是树群设计的主要形式，混交树群层次丰富，接近自然，景观多姿多彩，群落持久稳定。混交树群具有多层结构，通常为四层或五层：乔木层、亚乔木层、大灌木层和小灌木层，还有地被植物，每一部分都要显露出来，形成丰富的立面景观，增加观赏性。

群植设计时，注意常绿、落叶、观花、观叶等树种混交，其平面布局多采用复层混交及小块状混交与点状混交相结合。树木间距有疏有密，任意相邻的三棵树之间多呈不等边三角形布局，尤其是树群边缘，灌木配置更要有变化，以丰富林缘线。混交树群的树木种类不宜过多，一般不超过10种，常选用1～3种作基调树种，其他树种作搭配。

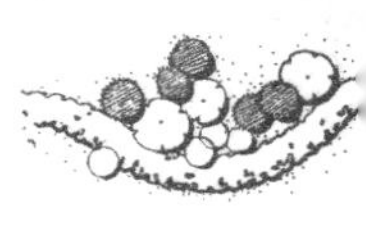

树群在园林中应用广泛，通常布置在有足够距离的开阔场地上，如宽阔的空地、水中岛屿、大水面的滨岸、山坡上等。树群观赏面前方要留有足够的空地，以供游人观赏（图 2-71）。

图 2-71 混交群植景观

2.4.3.6 林植

林植是指成片、成块种植的大面积树木景观的一种配置形式。为了保护环境、美化城市，在市区的大、中型公园以及郊区的森林公园、休疗养地以及防护林带设置。

树林从结构上可分为密林和疏林。密林是指郁闭度较高的树林，郁闭度 0.7～1.0，一般不便于游人活动。密林又分为单纯密林和混交密林。单纯密林具有简洁、壮观的特点，但层次单一，缺少丰富的季相，稳定性较差。混交密林具有多层结构，通常 3～4 层，类似于树群，但比树群规模要大。

疏林多为单纯乔木林，也可配置一些花灌木，水平郁闭度在 0.6 以下。疏林常与草地结合，一般称草地疏林，是园林中应用最多的一种形式，适于林下野餐、听音乐、游戏、练功、日光浴、阅览等，颇受游人欢迎。也可在疏林草地上面栽植花卉，成为花地疏

林，此种疏林要求乔木间距大些，以利于林下花卉植物生长，林下花卉可单一品种，也可多品种进行混交配置，或选用一些经济价值高的花卉。花地疏林内应设自然式道路，以便游人进入游览。道路密度以10%～15%为宜，沿路可设座椅、花架、休息亭等，道路交叉口可设置花丛。在游人密度大，又需要进入疏林活动的情况下可全部或部分设置林下铺装广场。疏林中树木的间距一般为10～20米，最小以不小于成年树冠冠径为准，林间需留出足够的空间，以供游人活动。在树种的选择上要求树木生长健壮，树冠疏朗开展，形态优美多变，有较高的观赏价值，并要有一定的落叶树种（图2-72）。

图2-72 疏林草地

2.4.3.7 篱植

绿篱是指用乔木或灌木以密植的形式形成篱垣状的一种植物配置形式。

(1) 绿篱的类型

① 绿篱按照高度可分为：绿墙（160厘米以上）、高绿篱（120～160厘米）、绿篱（50～120厘米）、矮绿篱（50厘米以下）。

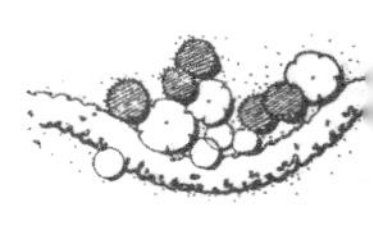

② 根据其观赏特性不同又可分为：常绿篱、落叶篱、花篱、果篱、刺篱、蔓篱等。

（2）绿篱的造景功能

① 防护功能　绿篱可以作为绿地的边界，起到一定的界定作用和防护功能。做防范的边界可以用刺篱、高篱。

② 屏障视线和分割空间　园林中常用绿篱或绿墙进行分区和屏障视线，分隔不同功能的空间。这种绿篱最好用常绿树组成高于视线的绿墙。如把儿童游戏场、露天剧场、运动场与安静休息区等分隔开来，减少互相干扰。在自然式布局中，有局部规则式的空间，也可用绿墙隔离，使强烈对比、风格不同的布局形式得到缓和（图 2-73）。

图 2-73　高篱用于分隔空间

③ 作背景　园林中常用常绿树修剪成各种形式的绿墙，作为喷泉、雕塑和花境的背景，其高度一般高于主景，色彩以选用没有反光的暗绿色树种为宜（图 2-74）。

④ 作装饰　有时绿地的边缘采用装饰效果较好的矮篱作边饰，起到装饰绿地的作用。还可采用绿篱作基础栽植，装饰建筑基础（图 2-75）。

图 2-74 绿篱作背景

图 2-75 绿篱美化建筑基础

⑤ 图案造景 园林中常用修剪成各种形式的绿篱作图案造景，如模纹花坛。

2.4.4 草本花卉的配置与造景

草本花卉分为一年生、二年生草花，多年生草花及宿根花卉。株高一般在 10～60 厘米。

草本花卉表现的是植物的群体美，是最柔美、最艳丽的植物类型。草本花卉适用于布置花坛、花池、花境或作地被植物使用。主

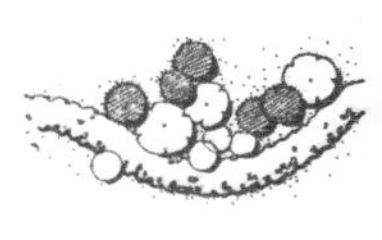

要作用是烘托气氛、丰富园林景观。

2.4.4.1　花坛

花坛最初的含义是指在具有一定几何轮廓的种植床内，种植不同色彩的花卉或其他植物材料，运用花卉的群体效果来体现图案纹样，或观赏盛花时绚丽景观的一种花卉应用形式。现代花坛式样极为丰富，某些设计形式已远远超过了花坛的最初含义。

花坛表现的是植物的群体美，具有较高的装饰性和观赏价值，在园林构图中常作为主景或配景。

(1) 花坛的类型

① 按花坛的组合形式分类

a. 独立花坛　在园林中，以一个独立整体单元存在，长轴∶短轴<3∶1，形状多样。多用于公园、小游园、林荫道、广场中央、交叉路口等处。

b. 花坛群　由多个相同或不同形式的单体花坛组成的一个不可分割的构图整体。花坛群应具有统一的底色，以突出其整体感。花坛群还可以结合喷泉和雕塑布置，后者可作为花坛群的构图中心，也可作为装饰（图 2-76）。

c. 花坛组　是指同一环境中设置多个花坛，与花坛群不同之

图 2-76　广场上的花坛群

处在于各个单体花坛之间的联系不是非常紧密。如沿路布置的多个带状花坛，建筑物前作基础装饰的数个小花坛等（图 2-77）。

图 2-77　建筑物前的花坛组

② 根据花坛应用的材料不同分类

a. 花丛花坛　也叫盛花花坛，主要由观花草本植物组成，表现盛花时群体的色彩美或绚丽的图案景观。可由同一种花卉的不同品种或不同花色的多种花卉组成。

b. 模纹花坛　主要由低矮的观叶植物或花、叶兼美的植物组成，表现植物群体组成的精美图案或装饰纹样。

③ 依空间位置分类

a. 平面花坛　花坛表面与地面平行，主要观赏花坛的平面效果，包括沉床花坛或高出地面的花坛（图 2-78）。

b. 斜面花坛　花坛设置在斜坡或阶梯上，也可以布置在建筑的台阶两旁或台阶上，花坛表面为斜面，是主要的观赏面（图 2-79）。

c. 立体花坛　花坛向空间伸展，具有竖向景观，是一种超出花坛原有含义的布置形式，它以四面观为主。包括造型花坛、标牌花坛等形式。

造型花坛是用模纹花坛的手法，运用五色草或小菊等草本植物

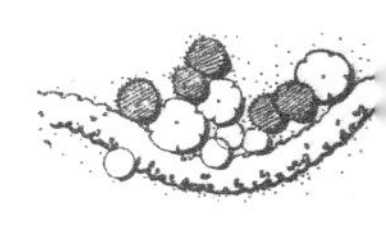

图 2-78 平面独立盛花花坛

图 2-79 斜面模纹花坛

制成各种造型物，如动物、花篮、建筑物等，前面或四周用平面或斜面装饰。造型花坛形同雕塑，观赏效果较好（图 2-80）。

标牌花坛是用植物材料组成竖向牌式花坛，多为一面观赏。

④ 混合花坛　不同类型的花坛，如花丛花坛与模纹花坛组合，平面花坛与立体造型花坛结合，以及花坛与水景、雕塑等结合而形成的综合花坛景观。一般用于大型广场中央、大型公共建筑前以及大型规则式园林的中央等（图 2-81）。

图 2-80　立体花坛

图 2-81　广场上的混合花坛

(2) 花坛设计

① 花坛的设置　花坛布置应从属于环境空间，花坛的设置首先应在风格、体量、形状诸方面与周围环境相协调，其次才是花坛自身的特色。花坛的体量、大小也应与广场的面积、出入口及周围建筑环境成比例。一般不应超过广场面积的 1/3，出入口设置花坛以既美观又不妨碍游人路线为原则，在高度上不可遮住出入口的视线（图 2-82）。

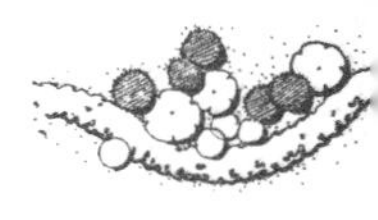

图 2-82 公园出入口设置的花坛既美观又不妨碍游人路线

② 花坛植物材料的选择与应用

a. 花丛花坛植物材料的选择主要以一年生、二年生草花及部分宿根花卉和球根花卉为花坛的主要材料，其种类繁多，色彩丰富。

适合作花坛的花卉应株丛紧密、高矮一致、着花繁茂（理想的植物材料在盛花时应完全覆盖枝叶），要求花期较长，开放一致，至少保持一个季节的观赏期。

不同种花卉群体配合时，除考虑花色外，也要考虑花的质感相协调才能获得较好的效果。常用的植物材料有：一串红、万寿菊、矮牵牛、三色堇、彩叶草、鸡冠花、天竺葵、金盏菊、金鱼草、紫罗兰、百日草、千日红、孔雀草、美女樱、虞美人、翠菊、郁金香、风信子、水仙、美人蕉、大丽花等。

b. 模纹花坛植物材料的选择以枝叶细小、株丛紧密、萌蘖性强、生长缓慢、耐修剪的观叶或花叶兼美的植物为主。常用的植物材料有：红叶苋、彩叶草、五色草、红叶小檗、金叶女贞、黄杨、南天竹、杜鹃、六月雪、景天、鸭跖草、葱兰、银叶菊、半支莲、香血球、松叶菊、紫罗兰、三色堇、雏菊、矮翠菊、孔雀草、海桐、小月季、小枝栀、小叶花柏、荷兰菊等。

③ 花坛色彩设计　花坛表现的主题是植物群体的色彩美，因

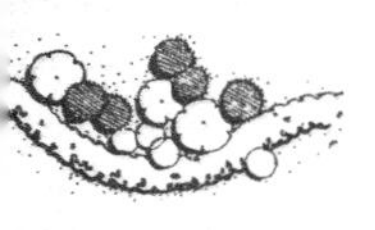

此一般要求鲜明、艳丽，特别是盛花花坛。要注意色相的应用，处理好色彩关系，以及与周围环境的关系。如果有台座，花坛色彩还要与台座的颜色相协调。

a. 对比色应用　这种配色较活泼而明快。深色调的对比较强烈，给人兴奋感；浅色调的对比配合效果较理想，对比不那么强烈，柔和而又鲜明，如浅紫色＋浅黄色（藿香蓟＋黄早菊），绿色＋红色（扫帚草＋星红鸡冠）等。

b. 暖色调应用　类似色或暖色调花卉搭配，这种配色鲜艳，热烈而庄重，在大型花坛中常用，如红＋黄（一串红＋万寿菊）。

c. 同色调应用　这种配色不常用，适用于小面积花坛及花坛组，起装饰作用，不宜作主景。

花坛色彩设计中还要注意以下一些问题。

第一，一个花坛配色不宜太多。一般花坛2～3种颜色，大型花坛4～5种颜色足矣。配色多而复杂难以表现群体的花色效果，显得杂乱。

第二，在花坛色彩搭配中注意颜色对人的视觉及心理的影响。

第三，花卉色彩不同于调色板上的色彩，需要在实践中对花卉的色彩仔细观察才能正确应用。如天竺葵、一串红、一品红等，虽然同为红色的花卉，在明度上有差别。一品红红色较稳重，一串红较鲜明，而天竺葵较艳丽，后两种花卉直接与黄菊配合，有明显的效果，而一品红与黄菊中加入白色的花卉才会有较好的效果。其他色彩花卉亦是如此。

2.4.4.2　花境

指模拟自然界中林地边缘地带多种野生花卉交错生长的状态，将多年生宿根花卉，球根花卉，一年生、二年生花卉和灌木等植物材料，运用艺术手法，以带状形式为主，组合栽植在林缘、路缘、水边及建筑前等处，营造一种自然、动态的花卉景观形式。从平面上看，花境是各种花卉的斑块状混植，从立面上看，花境则体现高低错落、层次丰富的排列，它既表现植物的个体美，更能展示植物

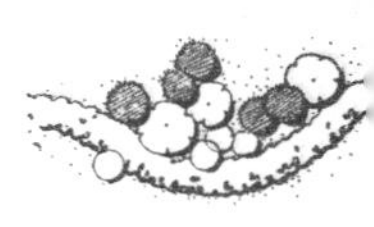

自然组合的群体美，并形成丰富的季相景观，是植物群落的一个重要组成部分。花境是水平和竖向的综合景观。

(1) 花境的应用类型

① 按照观赏面分类

a. 单面观赏花境　常以建筑物、矮墙、树丛、绿篱等为背景，前面为低矮的边缘植物，整体上前低后高，供游人一面观赏（图2-83）。

图2-83　单面观赏、混合花境

b. 双面观赏花境　这种花境没有背景，多设置在草坪上、道路间或树丛间，植物布置是中间高两侧低，供两面观赏。

c. 独立花境（四面观花境）　独立花境是四面都可观赏的花境，一般布置在人群比较集中的区域，如园路交叉口、草坪上等。

②按照植物组成分类

a. 草本花境　植物材料以多年生草本花卉和一年生、二年生草本花卉为主。是最早出现的花境形式。

b. 混合花境　花境植物材料以宿根花卉为主，配置少量的花灌木、球根花卉和一年生、二年生草本花卉。这种花境色彩丰富，是应用最广泛的一种形式（图 2-83）。

c. 专类植物花境　由一类植物或同属不同种植物或同种不同品种植物为主要种植材料的花境，如观赏草花境、百合类花境、鸢尾类花境、菊花花境等（图 2-84）。

图 2-84　品种多样的瓜叶菊，色彩斑斓，引人入胜

③ 按照园林应用形式分类　根据花境在园林中的不同应用形式，可以分为林缘花境、路缘花境、墙垣花境、草地花境、滨水花境等。

④ 按照花期分类　依照花期的不同，可以分为早春花境、春夏花境和秋冬花境等。

（2）花境的设计与应用

① 花境作用与位置　花境在园林绿地中的应用一般要求有较长的地段，可呈块状、带状、片状等，起到分隔空间和引导游览路

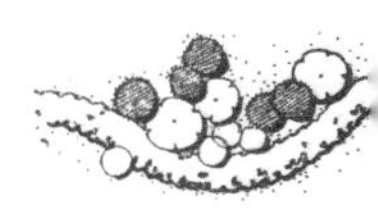

线的作用。广泛运用于各类绿地，通常沿建筑基础的墙边、道路两侧、台阶两旁、挡土墙边、斜坡地、林缘、水畔池边、草坪边布置，起到遮挡和装饰的作用。也可与绿篱、花架、游廊结合布置。

② 花境的植物选择　花境中常用的植物材料包括露地宿根花卉，球根花卉，一年生、二年生花卉，观赏草及灌木等。一般选择花期长、色彩艳丽、观赏价值高的植物，如芳香植物，花形独特的植物，花、叶、果均美的植物等。

宿根花卉种类繁多，色彩丰富，管理方便，是花境的首选材料，如果再配以适量的球根花卉，就会使花境的色彩更加丰富。常用的多年生宿根和球根花卉有大花萱草、芍药、玉簪、菊花、射干、鸢尾、百合、卷丹、宿根福禄考、宿根美女樱、唐菖蒲、大丽花、美人蕉、花毛茛、月见草等。

一年生、二年生花卉花期长，观赏效果好，在花境中占有举足轻重的地位，但是由于一年生、二年生花卉寿命短，需要的人力、物力和财力都很大，所以一年生、二年生花卉一般在花境中不是作为主要材料使用，而是穿插其间进行搭配使用，常用的一年生、二年生花卉品种有波斯菊、蓝花鼠尾草、美女樱、翠菊、雁来红、东方罂粟、矮牵牛、四季海棠、孔雀草、百日草、天竺葵等。

花境中常用的灌木以花期长和花形花相美观或者叶子、果实观赏价值高的植物为主，常用的有月季、蔷薇、牡丹、金丝桃、火棘、贴梗海棠、紫薇、南天竹、红花继木、紫叶小檗、金叶接骨木等。

除此之外，观赏草类也是花境中很好的植材。

③ 花境的平面设计　花境的宽窄要因地制宜，要与背景的高低、道路的宽窄成比例，即墙垣高大或道路很宽时，其花境也应宽一些。花境的长度视需要而定，过长者可分段栽植。

平面栽植采用自然团块状混栽方式，即每个品种种植成一个团块，团块之间有明显的轮廓界线，但是不应有缝隙，整个花境由多个团块结合在一起，形成一个整体，作为主调的品种团块可以多次

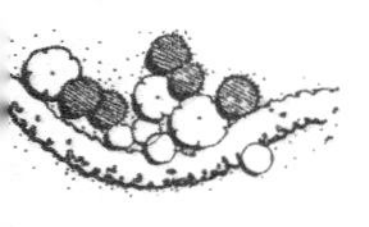

出现。如果是中小型植株每个团块以 3～5 株组合为宜，而植株高大、丰满的植物则可单独种植。每个团块相接，疏密得当，互相支持、依赖，后者为前者的背景，形成自然野趣状态。花境前面的边缘应该是最矮的装缘植物，如酢浆草、多年生银叶蒿、葱兰、地被石竹等多种（表 2-1）。

表 2-1　各类装缘植物及其花色

编号	种名	花色	编号	种名	花色
1	蜀葵	各色	11	丝兰	白
2	小菊	黄、紫	12	蛇鞭菊	紫红
3	火炬花	红至橘红	13	紫苑	紫
4	冰岛罂粟	各色	14	大滨菊	白
5	桃叶风铃草	堇紫	15	宿根福禄考	玫红
6	大金鸡菊	黄	16	宿根天人菊	黄至橘红
7	杏叶沙参	蓝紫	17	二月兰	堇紫
8	鸢尾	蓝紫	18	岩生庭荠	堇紫
9	蓍草	白	19	生福禄考	红
10	黄菖蒲	黄			

④ 花境的立面设计　通过植物的株高来表现花境竖向上的景观效果。立面使花境的主要观赏面，在花境设计过程中应该根据不同类型植物的景观特点使整个花境高矮有序，相互呼应衬托，展现优美的植物群落景观（图 2-85）。

⑤花境的色彩设计　色彩是花境最吸引人视线的第一要素。花境的色彩要与环境相协调，在色彩设计上要有主色、配色和基调色彩。确定主色和基色之后；根据不同的配色方法确定局部区域所要呈现的色彩。花境的色彩主要由植物的花色来体现，除此之外，观叶植物主要展示的是植物的叶色，如红花檵木、变叶木等。在花境设计中可巧妙地利用不同花色来创造空间或景观效果。如把冷色调占优势的植物群落放在花境后部，在视觉上有加大花境深度、宽度之感；在狭小的环境中用冷色调的植物组成花境，能够扩大空间的

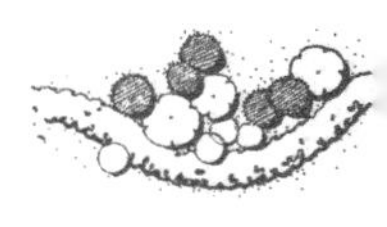

图 2-85 花境的立面高低错落，别致有序

尺度感。利用花色可产生冷、暖的心理感觉，花境的夏季景观应使用冷色调的蓝紫色系花卉，使人感到清凉；而早春或秋天则应用暖色的红橙色系花卉组成花境，给人暖意。在安静休憩区设置花境宜多用冷色调花卉；如果为了增加热烈气氛，则可多使用暖色调的花卉（图 2-86）。

图 2-86 丰富的色彩使花境更加艳丽，装饰性更强

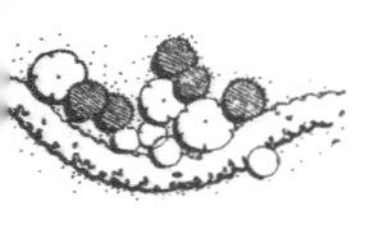

⑥ 花境的背景设计　单面观的花境需要背景，背景是花境景观的重要组成要素之一，设计精巧的背景不仅可以突出花境的色彩和轮廓，而且能够为花境提供良好的小环境，对花境中的植物起到保护作用。作为背景在色彩上能够与前面花境形成对比以突出主景。如背景是白色墙体，那么前面花境的植物特别是靠近白墙的植物要选用色彩鲜艳或花色深重的品种来凸显，但若背景是颜色较深的绿篱或树丛等，就要在靠近背景的地方栽种色彩浅淡明亮的植物，避免深重的花色（图 2-87）。

图 2-87　高篱作花境的背景

⑦ 花境的季相设计　花境的季相变化是它的特征之一。理想的花境应该四季有景，寒冷地区可以三季有景。花境的季相是通过种植设计实现的，利用花期、花色、叶色及各季节所具有的代表性植物来创造季相景观，如早春的迎春、夏日的福禄考、秋天的菊花等。另外，还要注意景观的连续性，以保证各季的观赏效果，使花境成为一个连续开花的群体。

2.4.4.3　花台、花箱、花钵

(1) 花台　花台其实是花坛的特殊种植形式。它是在高出地面 40～100 厘米的空心台座中填土，然后栽种观赏植物的一种花卉应用形式。

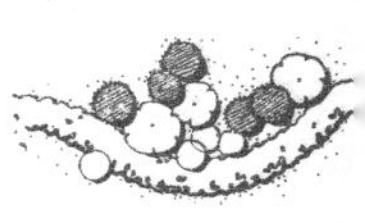

花台的植床较高，面积一般较小，适合近距离观赏，一般主要表现花卉的色彩、芳香、姿态以及花台的造型美。因此，花台一般选择观赏价值高、小巧玲珑、造型别致或有芳香气味的植物，如芍药、牡丹、月季、杜鹃、八仙花、栀子花、含笑、葱兰、朱顶红、金丝桃等。花台一般应用于公园、花园、工厂、机关、学校、医院、商场等庭院，与假山、坐凳、墙基结合，作大门旁、窗前、墙基、角隅等处的装饰（图 2-88）。

图 2-88　起界定与保护作用的花台，线条流畅

（2）花箱、花钵　花箱是一种用于栽培花草树木的箱式容器；花钵是栽花用的器皿，为口大底端小的倒圆台或倒棱台形状，质地多为砂岩、泥、瓷、塑料及木制品。

花箱和花钵容积小、搬运灵活，常用于广场、街道、单位、公园和大型游乐园等，起到点缀空间、美化街道的作用，是城市建设中不可缺少的装饰物（图 2-89、图 2-90）。

2.4.4.4　花带

将花卉植物成线性布置，形成带状的彩色花卉带。一般布置于道路两侧、河岸、林缘、建筑物前等处。花带多采用一年生、二年生草花，色彩艳丽，形状多以流畅的曲线为主，常以多条色带组合形成层次丰富的多条色彩效果（图 2-91）。

图 2-89　花箱

图 2-90　花钵

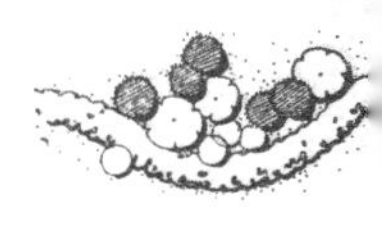

图 2-91　广场中道路旁边以矮牵牛和美女樱组成的彩色花带

2.4.4.5　花丛和花群

在园林中为了加强园林绿地的装饰效果和园林布局的整体性，把树群、草坪、树丛等自然景观相互连接起来，常在它们之间栽种一些成丛或成群的花卉植物，花丛可大可小，小者为丛，集丛成群，大小组合，聚散相宜，位置灵活，极富自然之趣。也可以将花丛或花群布置于道路的转折处，或点缀于小型院落及铺装场地（小路、台阶等地）之中。花丛或花群既是自然式花卉配置的最基本单位，也是花卉应用很广泛的形式。花丛或花群不需砌边，自然式布置，多用宿根花卉以及自播力强的一年生、二年生草花，置于草地、路边、树林旁等，体现大小、疏密、断续变化。常见应用的有郁金香、鸢尾、美人蕉、鸡冠、紫茉莉等（图 2-92）。

2.4.5　地被植物的配置与造景

地被植物一直是城市园林中的重要植物材料，它作为绿化空间的底色，以物种间共存和多样性的姿态展示在园林绿地中，在增加地面覆盖、增加绿量、改善城市环境、丰富园林景观等方面具有非常重要的意义。随着人们对生态园林的追求和城市景观复杂性要求

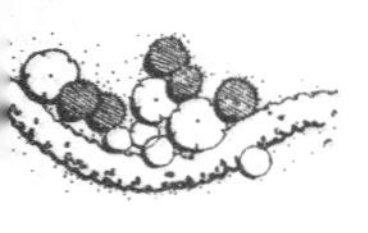

图 2-92　林中花丛

的不断提高，地被植物也越来越受到人们更多的青睐和更大的关注，它的园林应用也得到很快的发展。

2.4.5.1　地被植物的涵义与特点

地被植物是指那些最下分枝较贴近地面，株丛紧密、低矮，成片种植后枝叶密集，能较好地覆盖地面，形成一定的景观效果的草本、木本、藤本植物的总称。关于“低矮”的界定，国外学者把高度标定为“from less than an inch about 4 feet”，即在 2.5 厘米到 1.2 米之间。而种植地被植物的目的，是覆盖地面以形成景观，高度太高，地被植物的枝下高也会相应很高，会影响覆盖地面效果，因此，大多数学者和园艺工作者则倾向于将植物的高度上限标定为 1 米。

由于不同的植物在不同的生长环境下可以达到不同的生长高度从而形成不同的覆盖效果，因此从某种程度上来说，地被植物应该没有明确的种类划分，除了一些已经被大家所认同的植物外（如地被石竹、大花萱草、鸢尾、二月蓝等），其他的植物，包括许多低矮的花灌木，只要在当地良好的栽培养护管理条件下，可以达到作为地被植物所应具备的条件，都可以当作地被植物来应用。此外，

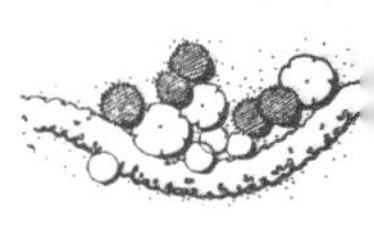

对坡面、立面有覆盖和装饰作用的植物也可以被视作地被植物。广义的地被植物还包括草坪植物，狭义的地被植物是指除草坪以外的符合上述定义的植物。本文所谈到的地被植物均指狭义上的地被植物。

地被植物个体小、种类繁多、色彩丰富，可营造多种生态景观，具有覆盖能力强、观赏价值高、生长速度快、繁殖简单和可粗放性管理等特点。因此，地被植物已经成为园林绿化的重要组成部分。

2.4.5.2　地被植物的生态效益与景观功能

(1) 生态效益　由于地被植物叶面积系数较大，能减少尘埃和细菌传播，净化空气，降温增湿等方面都有重要作用。此外，地被植物还能保持水土、护坡固堤，减少和抑制杂草生长以及增加绿地的绿量。

(2) 景观功能

① 丰富园林空间层次　地被植物作为植物立面层次的一个重要的组成部分，能增加植物空间层次，是乔木、灌木与草坪之间很好的过渡和桥梁（图 2-93）。

② 丰富园林色彩　地被植物种类多样，色彩丰富，季相特征

图 2-93　地被丰富景观层次

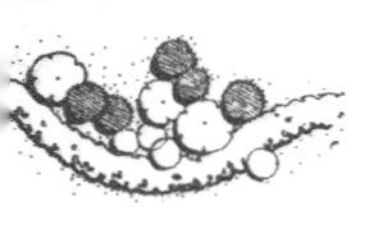

图 2-94　地被植物最大限度地丰富了园林色彩

明显，能够大大丰富园林空间的色彩（图 2-94）。

③ 组织空间　成片的地被植物作为一个整体，能将其上的乔木、灌木以及其他造园要素调和成协调的统一景观，使景观更加完整和统一。

④ 突出局部景观　地被植物在园林树坛树池中，或林下林缘地作零星配置都具有突出局部景观的作用（图 2-95）。

图 2-95　地被作为点缀突出局部景观

2.4.5.3　地被植物的景观设计与应用

（1）地被植物的选择标准　地被植物在园林中所具有的功能和

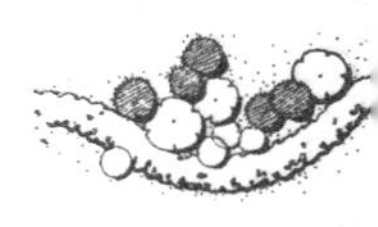

应用要求，决定了地被植物的选择标准。为了满足生态功能和景观功能的要求，地被植物在品种选择上也是十分严格的，一般需要满足以下标准和要求。

① 植株低矮、紧密　无论是草本、木本还是藤本，都要求植株低矮、紧密。灌木需要选择生长缓慢、枝叶稠密、枝条水平生长、分枝力强、覆盖效果好的品种。

② 观赏效果佳　一般应挑选花色丰富、花期和绿叶期都相对较长的品种，植株的外形、质地、颜色最好有一定特色，具有较高的观赏价值。

③ 适应性、抗性强　地被植物要求适应性强，能适应当地环境条件和种植地的小环境。地被植物还要求有较强的抗旱、耐寒、抗病虫害、抗瘠薄土壤、抗污染等能力。为此，育种专家还专门培养出一些对特殊生长环境有抵抗能力的品种以适应特殊环境的需要，例如，景天类植物具有较强的抗干旱能力，适合用于缺水的干旱地区。

④ 养护管理简单　由于种植面积一般都较大，所以需要选择耐粗放管理的植物品种，无需精心养护就能正常生长，省时、省工，这样不但节约养护成本，而且不会泛滥成灾。

⑤ 生命周期长，具有一定的稳定性　地被植物要求能够连续多年生长稳定，且有很强的自然更新能力，种植以后无需经常更换，能长时间覆盖裸露地面，能连续多年持久不衰，即一次种植、多年观赏的效果。

(2) 地被植物的应用形式　地被植物可以满足不同目的的地面覆盖，合理利用地被植物，选择不同的品种，以不同的配置形式形成各具特色的景观。

① 大面积开阔景观地被　在城市园林绿地中，有许多开阔的区域，这些开阔空间，可以铺设草坪，也可以采用一些花朵艳丽、色彩多样的地被植物，运用大手笔、大色块的手法大面积栽植形成群落，着力突出地被植物的群体美，形成美丽的群体景观，并烘托

其他景观。可以是单一品种、单一色彩的整体景观，也可以是多个品种、多重色彩组合的复合景观（图 2-96）。

图 2-96　大片栽植的地被，壮观而美丽

② 林下耐阴地被　在城市园林绿地中，许多林下空间，特别是密林下面，郁闭度较高，很多植物不易生长。因此，在这些群落的下层，需要选择一些耐阴的地被植物覆盖树下的裸露土壤，减少沃土流失，并能增加植物层次，提高单位面积的生态效益。

林下地被应用要根据绿地的生态环境、上层乔木的疏密情况以及绿地的性质和景观上的要求来确定植物种类，进行合理的搭配。疏林下面可以考虑采用多种地被混植，使其色彩变幻，四季有景。比如玉簪、冷水花、石蒜等组合栽植，形成色彩斑斓的效果。密林下面一般可以选择耐阴效果好、生长适应强的品种即可，如麦冬、常春藤、蕨类植物等，如有需要，可在树林边缘加以修饰（图 2-97）。

③ 点缀地被

a. 绿地边缘装饰　在园林绿地中，为了加强装饰效果，往往在林缘、路缘、水边及建筑物前等处，用地被进行装饰，形成花境或花带，作为绿地边缘的装饰绿化，不仅有点缀主要景观的作用，同时还可以起到景观过渡的作用（图 2-98）。

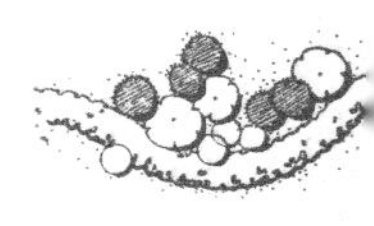

图 2-97　林下耐阴地被

图 2-98　林缘地被作装饰

b. 树坛、树穴装饰　为了加强景观装饰效果，在一些主要景观区域的树坛或树穴常常布置一些观赏效果好的耐阴地被。在地被植物的选择和应用上，应与上层乔木的色彩、形体相得益彰，才能取得生动效果。

④ 假山、岩石周围　在假山、岩石周围布置地被植物，既活化了岩石、假山，使岩石、假山生动灵活，又显示出清新、典雅的意境。假山、岩石周围布置地被植物数量不多，但是要求精致、自

图 2-99　假山上布置地被

然，达到“虽由人作、宛如天成”的效果（图 2-99）。

⑤ 其他环境　除以上应用方式以外，在城市环境中还可以利用地被植物绿化建筑墙面、屋顶、河道、边坡、裸露山体等特殊空间。这些环境的绿化，不仅美化了环境，增强城市空间的艺术效果，而且还具有较强的生态功能。

屋顶花园一般选择浅根性的草本地被进行绿化，以景天科植物为好，如果荷载达到要求，也可以布置一些小灌木。

在边坡绿化除了采用一些草坪外，还可以采用一些带吸盘的藤本植物，如常春藤、爬山虎、薜荔等。

河道绿化中多选用观赏性强的地被植物，以加强水岸边的效果，如菖蒲、鸢尾、落新妇等。驳岸上可以配置一些藤本植物，如络石、薜荔、扶芳藤、常春藤、爬山虎、五叶地锦等（图 2-100）。

2.4.6　藤本植物的配置与造景

藤本植物也叫攀缘植物，是指自身不能直立生长，需要依附他物或匍匐地面才能正常生长的木本或草本植物。藤本植物是最柔软、可以向自然空间随意造型的植物类型。藤本植物通常用作垂直

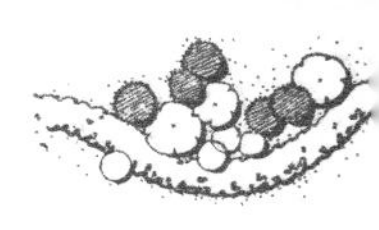

图 2-100　驳岸采用五叶地锦绿化，增加生态效果

绿化或作为地被。

2.4.6.1　藤本植物的分类

根据藤本植物的生长特性和攀缘习性，可以将它们分成以下几类。

（1）缠绕类　缠绕类藤本植物是依靠自身缠绕支持物来进行攀缘。此类藤本植物最多，常见的有紫藤、金银花、南蛇藤、木通等，缠绕类植物的攀缘能力一般都较强。

（2）卷须类　卷须类的植物是依靠卷须进行攀缘，如葡萄、香豌豆等。这类植物的攀缘能力也较强。

（3）吸附类　吸附类攀缘植物是依靠吸附作用进行攀缘，这类植物具有气生根或吸盘，两者均可分泌黏胶将自身黏附于他物之上，如爬山虎、五叶地锦、凌霄、扶芳藤、常春藤等。这类植物较适合于墙面和岩石绿化。

（4）蔓生类（攀附类）　此类植物没有特殊攀缘器官，为蔓生的悬垂植物，仅靠细柔而蔓生的枝条攀缘，有的种类枝条具有倒钩刺，在攀缘中起一定的作用，个别种类枝条先端偶尔缠绕。这类植物的攀缘能力较弱。常见的种类有藤本蔷薇、藤本月季、木香、三

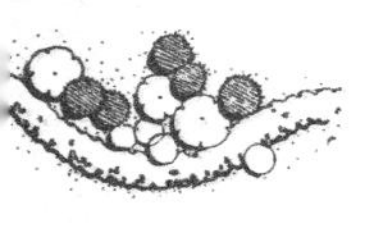

角花等。

2.4.6.2 藤本植物在园林中的造景应用

（1）棚架式造景　棚架式造景是园林中应用最广泛、结构造型最丰富的藤本植物造景方式。棚架是用竹木、金属、石材、钢筋混凝土等材料构成一定的格架，供攀缘植物攀附的园林设施。棚架式造景可作为园林小品在园林中作点景或隔景用，同时还有遮阴和休闲的功能。

棚架绿化植物要求有较高的观赏价值，应选择生长旺盛、枝叶茂密的观花或观果的藤本植物材料。可用作棚架的藤本植物主要有紫藤、凌霄、葡萄、藤本月季等（图 2-101）。

图 2-101　棚架式造景

（2）附壁式造景　附壁式造景可用于各种墙面、假山石、裸岩、挡土墙、大块裸岩、桥梁等设施的绿化。附壁式绿化可以利用攀缘植物去打破墙面相对呆板的线条，还能吸收夏日阳光的强烈反光，又能柔化建筑物外观。在建筑物墙面绿化时，应该注意植物和门窗之间的距离，在其生长过程中，通过修、剪、牵、拉以调整攀缘的方向，能防止枝叶覆盖在门窗上或者攀缘到电缆上。而在山地的风景区、公路两侧的裸岩石壁，我们应该选择适应性较强、耐旱又耐瘠薄的种类，比如爬山虎、葛藤等。

用作附壁式造景的藤本植物一方面拥有观赏价值，另一方面还

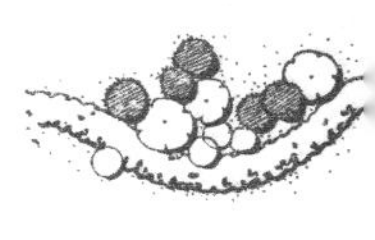

能起到防止水土流失以及固土护坡的作用。

附壁式造景在植物材料选择上，应选用吸附类的攀缘植物，应注意植物材料与被绿化物的色彩、形态、质感的协调（图 2-102）。

图 2-102 城墙上凌霄与五叶地锦混植作附壁式造景

(3) 篱垣式造景 篱垣式造景主要用于篱架、栏杆、铁丝网、栅栏、矮墙、花格的绿化。

这类设施在园林中最基本的用途是防护或分隔，可单独使用，构成景观，以观赏为主要目的。

由于高度是有限的，篱垣式造景对于植物材料攀缘能力要求不是很严，几乎是所有的攀缘植物都能用于该类绿化，如藤本月季、金银花等（图 2-103）。

(4) 立柱式造景 城市中的立柱包括电线杆、灯柱、廊柱和高架桥的立柱等，随着这些柱体的增加和人们对环境质量要求的提高，这些柱体的绿化逐渐成为了垂直绿化的重要内容。在园林中一些枯树也可以利用垂直绿化，而一些枯树绿化后会给人枯木逢春的感觉。

立柱的绿化可选择缠绕类和吸附类的藤本植物，如五叶地锦、常春藤、络石、蝙蝠葛等。对于古树的绿化应选用观赏价值相对较

图 2-103 篱垣式造景

高的植物种类，还应与古树的风格及周围环境相协调，如紫藤、凌霄、西番莲等。对水泥电线杆来说，由于阳光照射温度升高会对植物的幼枝、幼叶造成烫伤，所以应在线杆上固定铁杆，外附钢丝网，以利植物生长，每年进行适当修剪（图 2-104）。

图 2-104 蔷薇美化立柱

（5）悬垂式造景 利用容器种植藤蔓植物，使植物凌空向下悬挂，形成别具特色的垂挂植物景观。可在阳台、屋顶、高架桥等处利用此类植物进行绿化，形成自然飘逸、柔蔓悬垂的美丽景观，这

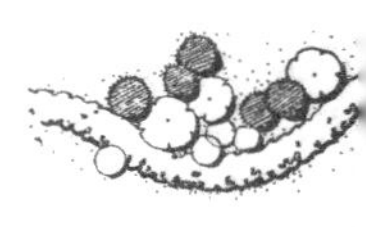

样的绿化不仅能起到遮阳、降温的作用，还能点缀高层建筑的立面，使楼房和城市景观更加美丽生动。悬垂式造景植物一般以枝叶细小、花朵优美的草本植物为主，如茑萝、矮牵牛、旱金莲、香豌豆、天竺葵等（图 2-105）。

图 2-105　悬垂式造景

（6）作地被　藤本植物生长迅速，可形成浓密低矮的覆盖层，是优良的地被植物。

2.5　园林植物配置与造景的基本原则

2.5.1　科学性原则

2.5.1.1　因地制宜，适地适树

为创造良好的园林植物景观，必须使园林植物正常生长，如果植物生长不良，就不能充分发挥植物应有的景观功能和生态功能。因此，要因地制宜、适地适树，使植物本身的生态习性与栽植地点的生态条件统一。在进行种植设计时，要对所种植的植物的生态习性以及栽种地的生态环境都要全面了解，了解土壤、气候以及植物的生态习性，才能做出合理的种植设计，例如，盐碱地就要种植耐盐碱的植物，而

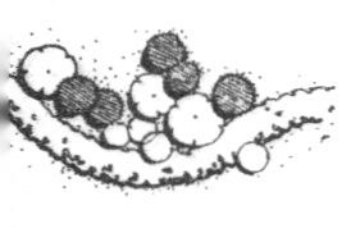

北方地区耐盐碱树种主要有柽柳、杜梨、沙枣、火炬树等。

在园林植物的种植设计时，要尽量选用乡土树种，适当选用已经引种驯化成功的外来树种，忌不合时宜地选用不适合本地区的外来树种，特别是滥用不同海拔和不同温度带的植物，使植物生长不良或者死亡，不但形成不了预期的理想景观，还会造成经济上的浪费。如图 2-106 所示，是北方某城市的主干道，已经建成 10 年了，可是两边悬铃木越长越萎缩，甚至很多死亡，达不到行道树的景观功能和生态功能要求。而国槐、臭椿等优良的本土行道树种类在整个城市中应用还不到40%，以悬铃木为主的外来树种应用超过 60%，使整个城市街道绿地达不到预期景观效果，生态效益就更不理想了。

图 2-106　生长不良的行道树

2.5.1.2　合理设置种植密度

树木种植的密度是否合适将直接影响功能的发挥。从长远考虑，应根据成年树木的树冠大小来确定种植距离。在种植设计时，应选用大苗、壮苗。如选用小苗，先期可进行计划密植，到一定时期后，再进行疏植，以达到合理的植物生长密度。另外，在进行植物搭配和确定密度时，要兼顾速生树与慢生树、常绿树与落叶树之间的比例，以保证在一定的时间内植物群落之间的稳定性。

2.5.1.3 丰富生物多样性，创造稳定的植物群落

根据生态学上“种类多样导致群落稳定性”原理，要使生态园林稳定、协调发展，维持城市的生态平衡，就必须充实生物的多样性。城市绿化中可选择优良乡土树种为骨干树种，积极引入易于栽培的新品种，驯化观赏价值较高的野生物种，丰富园林植物品种，形成色彩丰富、多种多样的景观。

2.5.2 艺术性原则

园林植物种植设计时要遵循形式美法则，创造和谐艺术景观。在植物造景上要满足以下几个方面的要求。

2.5.2.1 园林植物配置要符合园林布局形式的要求

植物的种植风格与方式要与园林绿地的总体布局形式相一致，比如，如果总体规划形式是规则式，植物配置就要采用规则式布局手法；相反，如果园林布局是自然式，植物配置也要采用与之协调的自然式配置手法。

2.5.2.2 合理设计园林植物的季相景观

园林植物季相景观的变化，能给游人以明显的气候变化感受，体现园林的时令变化，表现出园林植物特有的艺术效果。如春季山花烂漫；夏季荷花映日、石榴花开；秋季硕果满园，层林尽染；冬季梅花傲雪等。园林植物的季相景观也需在设计时总体规划，也不能出现满园都是一个模式。根据不同的园林景观，呈现不同的景观特色，精心搭配园林植物，合理利用季相景观。因为季相景观毕竟是随季节变化而产生的暂时性景色，具有周期性，并且时间的延续是短暂的、突发性的，不能只考虑季相中的景色，也要考虑季相后的景色。如樱花开时花色烂漫，但花谢后却很平常，要做好与其他植物的搭配。在园林中可按地段的不同，分段配置，使每个区域或地段突出一个季节植物景观主题，在统一中求变化。在重点地区，四季游人集中的地方，应四季有景观，作好不同季相的植物之间的搭配。

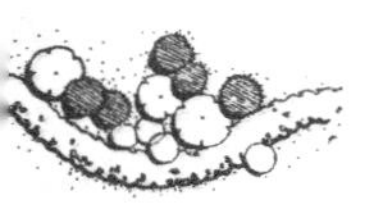

2.5.2.3 要充分发挥园林植物的观赏特征

园林植物的观赏特性是多方面的，园林植物个体的形、色、香、姿以及意境等都是丰富多彩的。在园林植物搭配时，要充分发挥园林植物个体的观赏特点，突出其观赏特性，创造富有特色、丰富多彩的园林景观。

2.5.2.4 注重植物的群体景观设计

园林植物的种植设计不仅仅只是表现个体植物的观赏特性，还需考虑植物群体的美观。乔木、灌木、草本、花卉合理搭配，形成多姿多彩、层次丰富的植物景观。如不同树形巧妙配合，形成良好的林冠线和林缘线。

2.5.2.5 注重与其他园林要素配合

在植物配置时还要考虑植物与其他园林要素的搭配，处理好植物同山、水、建筑、道路等园林要素之间的关系，使之成为一个有机整体。

2.5.3 功能性原则

不同的园林绿地具有不同的性能和功能，园林植物必须满足绿地的性质和功能的要求，完成统一的园林景观。比如，街道绿化主要解决街道的遮阴和组织交通问题，同时美化市容，因此在植物造景时要满足这一功能要求；综合性公园具有多种功能，为给游人提供各种不同的游憩活动空间，需要设置一定的大草坪等开阔空间，还要有遮阴的乔木，有艳丽的花朵，成片的灌木和密林、疏林，满足游人安静休息的需要等；在校园的绿化设计中，除考虑生态、观赏效果外，还要创造一定的校园氛围；而纪念性园林则应注意纪念意境的创造；医院、疗养院要为病人提供安静修养的环境，注意卫生防护和噪声隔离。因此，园林植物的种植设计要针对不同类型的绿地选择好植物种类以及合适的植物造景方式，满足园林绿地性质和功能上的要求。

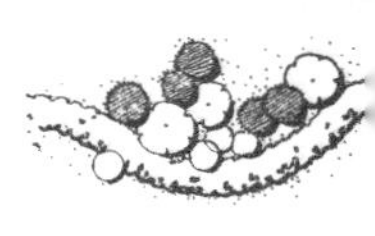

2.5.4 经济性原则

进行植物配置时，一定要遵循经济性原则。在节约成本、方便管理的基础上，以最少的投入获得最大的生态效益和社会效益，为改善城市环境、提高城市居民生活环境质量服务。例如，可以保留园林绿地原有树种，慎重使用大树造景，合理使用珍贵树种，大量使用乡土树种。另外，也要考虑植物栽植后的养护和管理费用。

园林植物的经济价值也十分可观，在节约的同时，可以考虑创造合理的直接经济效益，比如，可以结合景观绿地，合理安排苗木生产，杭州花圃就是很好的例子；还可以结合景观绿地实现其他产品生产，比如玫瑰园可以结合生产玫瑰香料，防护林地可以结合完成林木生产等。

2.5.5 生态性原则

生态问题已经成为当前城市景观规划中的一个焦点问题，生态园林的概念也越来越受到人们的重视。植物景观除了供人们欣赏外，更重要的是创造适合人类生存的生态环境。园林植物造景一定要充分发挥园林植物的生态效益，完成绿地的生态功能要求，在不影响景观功能的同时，要最大限度地实现生态功能，比如，创造多层次绿化、立体绿化、屋顶花园等。

2.5.6 文化性原则

植物景观一般都有一定的文化含义，成功的植物景观除了创造一定的生态景观和视觉景观以外，往往赋予一定的文化内涵。

弘扬园林植物景观的文化，首先在微观上要做到在植物选择上不能单纯考虑视觉效果，还需要考虑植物的文化性格，比如，松、竹、梅、红豆树、并蒂莲等。了解植物的文化性格，利用植物的文化含义进行造景，能创造韵味深远的园林植物景观。

其次，植物景观是保持和塑造城市风情、文脉和特色的重要方面。一个城市的总体植物景观的塑造要把民俗风情、传统文化、宗

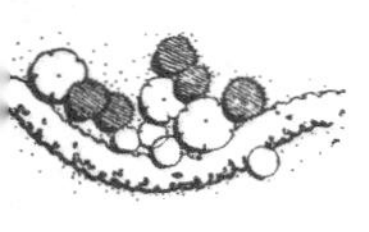

教以及历史等融合进去，使植物景观具有明显的地域性和文化性特征，产生可识别性和特色性。如荷兰的郁金香文化、日本的樱花文化、北京的香山红叶文化，这样的植物景观文化意境成为一个城市乃至一个国家的标志。切忌城市绿化没有文化底蕴、没有特色、没有标志，而形成千城一面的形式。

2.6 植物配置的基础理论

2.6.1 植物配置的构图方法

树丛是种植构图上的主景。树丛通常是由2～10株乔木组成，再结合各种花灌木以及草本地被植物的配置，就构成了千变万化的植物景观的基本要素。因此，掌握好基本的植物配置方法，是做好植物配置的基础（图2-107）。

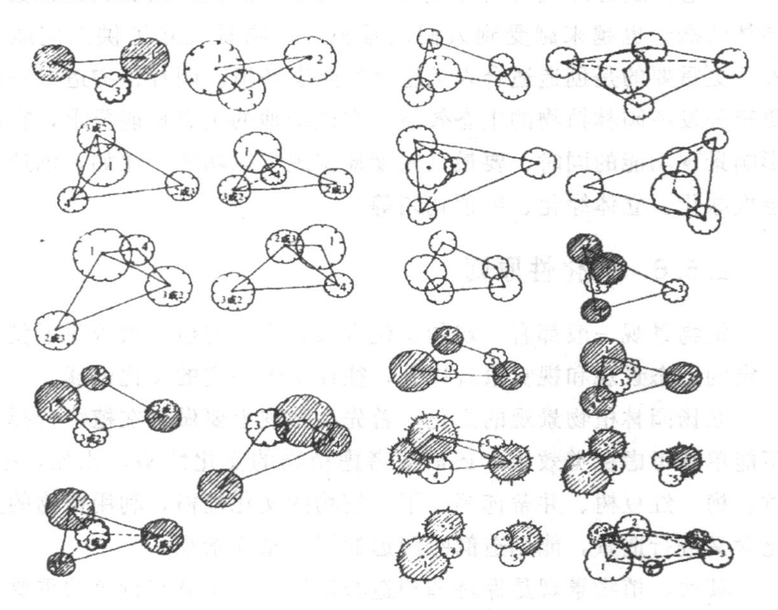

图2-107 植物基本配置方式平面图布置

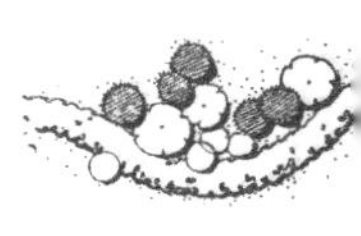

2.6.2　植物配置的层次

为克服景观效果的单调性，植物造景时应该以乔木、灌木、藤本植物、地被植物等进行多层次的配置，实现群落化的效果。这种种植方式在平面上表现为林缘线的设计，在立面上则表现为林冠线的设计，经过群落林冠线的设计，可以组织丰富多彩的立体轮廓线。相同面积的地段经过林缘线或林冠线的设计，可以划分成或大或小的植物围合空间，或在大空间中包含小空间或组织透景线以增加空间的景深，通常以高大乔木来强调这种透景线，景观设计中称之为“框景”（图 2-108）。在林冠线起伏不大的树丛中，如突出一株特别高的孤立树，可以起到标志和导游的作用。同时，由于树木分枝点有高有低，在群落林冠线设计中也可以根据人体的高度，创造开敞或封闭的植物空间。配置时要注意背景树一般应高于前景树，背景树栽植密度要大，最好形成绿色屏障，色调则宜深或与前景树有较大的色调和色度上的差异，不同花色、花期的植物间隔配置，以加强衬托效果，可以使色彩和层次更加丰富（图 2-109、图 2-110）。

图 2-108　植物配置框景透视效果

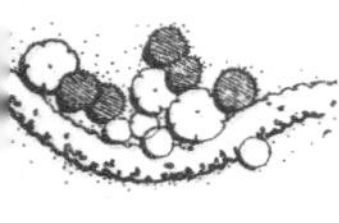

图 2-109　植物群落立面效果（一）

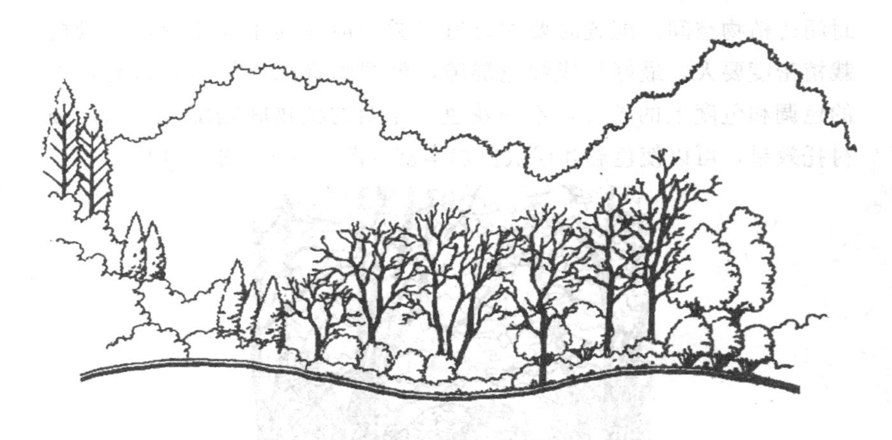

图 2-110　植物群落立面效果（二）

草本植物在植物配置中起到了越来越重要的作用，它们以其独特的观赏价值（如鲜艳的花色、优雅的姿态等）与木本植物搭配，丰富了景观的层次，形成极其优美的效果（图 2-111)。例如，低矮的小檗和高度相近的芍药搭配，淡绿色的小檗和暗绿色的芍药形成协调的色调，春季芍药花姿优美，夏季可欣赏芍药美丽的叶色，

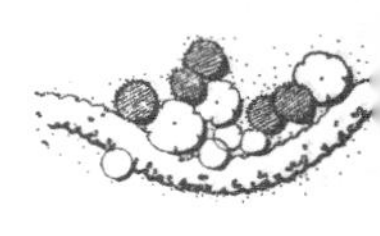

图 2-111 植物配置透视效果

夏秋季欣赏小檗的红叶、红果；另外，如绣线菊、报春花和雏菊的搭配，欣赏花期可从春到夏长达 3 个月，非常适用于林缘的饰边群体。

2.6.3 植物配置的季相特征

植物在不同季节表现出的景观不同，尤其是其叶、花、果的形状和色彩随季节而变化。植物造景要充分利用植物季相特色，按照植物的季相演替和不同花期的特点创造园林时序景观，体现春、夏、秋、冬的植物季相，给人以时令的启示，表现出园林景观中植物特有的艺术效果（图 2-112）。典型的植物景观是春季繁花似锦，夏季绿树成荫，秋季硕果累累，冬季枝干遒劲。为了避免季相不明显时期的偏枯现象，可以采用不同花期、观叶期的树木混合配置、增加常绿树和草本花卉等方法来延长观赏期。

园林植物配置要注意不同特征植物搭配的比例及选择，组织好园林的季相构图，使植物的色彩、芳香、姿态、风韵随着季节的变化交替出现，以免景色单调。重点地区一定要四时有景，其他各区可突出某一季节景观。不同植物比例安排影响着植物景观的层次、

图 2-112　冬季植物景观透视效果

色彩、季相、空间、透景形式的变化及植物景观的稳定性（图 2-113、图 2-114）。因此，在种植设计时应根据不同的目的和具体条件，确定速生树与长寿树、乔木与灌木、观叶与观花及树木、花卉、草坪、地被植物之间的合适比例。

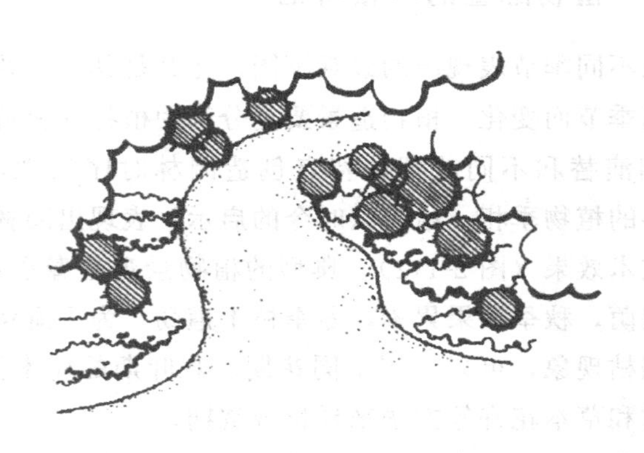

图 2-113　寒带植物景观平面布置

在不同的气候带，植物季相表现的时间不同。例如，北京的春色季相比杭州来得迟，而秋色季相比杭州出现得早。即使在同一地

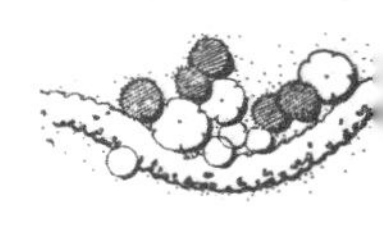

图 2-114 寒带植物景观透视效果

区，气候的正常与否和其他特殊的环境条件也常影响季相的变化。如低温和干旱会推迟植物萌芽和开花；秋色叶一般在日夜温差大时才能变红，如果霜期出现过早，则叶未变红而先落，不能产生美丽的秋色。土壤、养护管理等因素也会影响季相的变化，因此季相变化可以在一定程度上进行人工控制。

2.6.4 植物配置的地方特色

由于不同地区自然条件、历史文脉、地域文化等具有差异性，地区规模及社会经济的发展水平也不一样，因此植物配置也应因地制宜，实事求是，充分结合当地的自然资源、人文资源并融合地方文化特色。只有把握历史文脉，体现地域文化特色，体现地方风格，才能提高园林绿化的品位。特别是不同的气候带及海拔高度具有明显差异的地区，其植物景观特色的风格就更加鲜明，景观设计在进行植物选择时，应以适应性较强的乡土树种为主，既能保证植物生长良好，又可以更好地体现地方特色（图 2-115、图 2-116）。

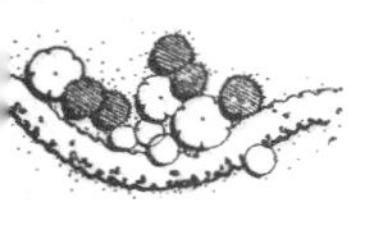

图 2-115　亚热带植物景观平面布置

图 2-116　亚热带植物景观透视效果

2.6.5　合理选择园林树种的标准

一个地区的植物种类越多，越能构成丰富多彩的园林景观。园林植物的科学应用对于发展生物多样性，建立稳定的群落结构，形成地方特色和风格都有着重要的作用。在园林绿化实践中，应该根

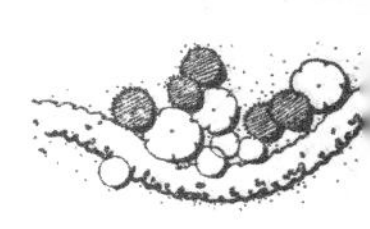

据不同地区的特点建立不同的植物选择标准，以不断扩大植物应用的种类。但是由于地域、气候、科技、经济等自然因素及人为因素的制约，不同地区植物种类的利用也受到不同的限制。因此，景观设计师在进行植物选择时，一定要遵循以下基本原则。

2.6.5.1　根据当地的生态环境条件选择植物

以园林植物的生态适应性作为种植规划的重要依据，充分认识地区生态环境条件的特点，以体现现代景观风貌为目的，遵循本地区域植被的自然规律，强调地带性植物的应用。具体选择时应根据不同园林植物生存、生长状况，做到因地制宜、适地适树，在满足园林植物生态性要求的基础上，来体现不同地区植被的风格，发挥生态及景观功能。

2.6.5.2　实行乡土树种和引入外来树种相结合

园林植物的选择，应该遵循物种多样性与生物遗传多样性的原则，应用多种植物种类。在以地带性乡土树种为主的前提下，重视应用已经引种成功的新优园林植物，同时利用小气候条件好的局部环境，扩大稀有的应用效果较好的边缘园林植物品种的应用。

2.6.5.3　基调树种、骨干植物和一般植物相结合

基调树种是构成园林绿化景观的主要树种，多为生态适应性优秀的乡土植物；骨干植物适应性强、少病虫、栽培管理简便、易于移栽、应用效果良好的常见植物；一般植物是指需要特定环境条件或养护管理，在应用中适当搭配选择的植物。种植设计时在提倡应用种类多样的植物的基础上，要推敲三者的合适比例关系来进行配置，才能够保持多种绿化功能效益正常、持续的发挥。

2.6.5.4　植物的功能性和观赏性相结合

选用抗病虫害、耐瘠薄等抗逆性强、适应性强的植物，无疑会增强城市的绿化效益，但是抗逆性强的树种，不一定在树势、姿态、叶色、花期等方面都很理想。因此，选择城市绿化树种要在保

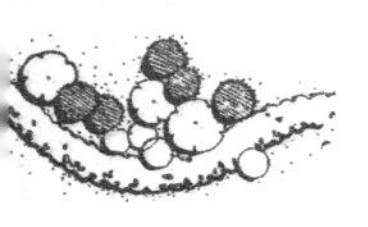

证抗逆性的同时，优先选择树干通直、树姿端庄、树体优美、枝繁叶茂或冠大荫浓、花艳芳香的树种进行合理配置。只有这样，才能形成千姿百态、五彩缤纷的可持续的绿化效果。

2.6.5.5　实行乔木、灌木、藤本、草本植物的复层结合及常绿植物和落叶植物的合理搭配

在园林植物的选择中，应该实行乔木、灌木、藤本、宿根花卉、草坪及地被相结合，因地制宜地科学配置。力求以上层大乔木、中层小乔木和灌木、下层藤本和地被植物的形式扩大绿地的复层结构比例（图 2-117）。为了创造多彩的园林景观，适量地选择常绿植物非常必要，尤其是对于北方冬季景观的作用更为突出。

图 2-117　复层植物配置立面效果

2.6.5.6　实行速生树种和长寿树种相结合

植物配置选择速生树种会在短期内形成良好的绿化效果，但这些树种往往在 20～30 年后便会衰老，景观持续性较差；慢生树种早期生长缓慢，初期绿化效果不理想，但是进入成熟期之后却能够保证持久的景观效果。因此，在植物选择时，要注意速生树种与慢生树种相结合，重视不同树种的合理比重，才有利于初期的良好景观效果和群落整体结构的长期相对稳定（图 2-118、图 2-119）。

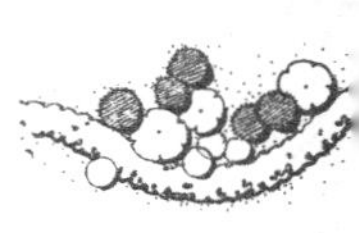

图 2-118 植物配置初期立面效果

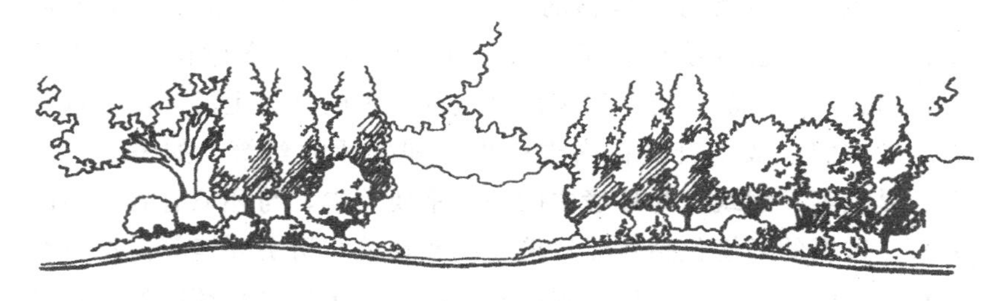

图 2-119 植物配置后期立面效果

第3章　建筑绿地植物配置及其造景

建筑是建筑物与构筑物的总称。建筑物是为了满足社会的需要、利用所掌握的物质技术手段，在科学规律与美学法则的支配下，通过对空间的限定、组织而创造的人为的社会生活环境。构筑物是指人们一般不直接在内进行生产和生活的建筑，如桥梁、城墙、堤坝等。建筑作为环境中的一个重要元素，与环境有着密切的关系，这里的环境包括自然环境、民族环境与历史环境等。植物在自然环境中占有主导地位，因此植物配置对于建筑与环境的融合具有不可替代的作用。植物与建筑的配置追求自然美与人工美的结合，使两者的关系达到和谐一致。一方面，建筑可以作为植物配置的背景，衬托植物优美的姿态，并且能为植物生长创造更加适宜的小气候条件；另一方面，大部分植物的枝叶呈现柔和的曲线，不同植物的质地、色彩在视觉感受上有着不同区别，其丰富的色彩、优美的姿态及风韵都能增添建筑的美感，使之产生出一种生动活泼而具有季节变化的感染力，使建筑与周围的环境更为协调。近年来，随着人们对居住、办公建筑等环境要求的提升，提高各种类型建筑周边的绿化景观水平，甚至将自然美引入室内，对于提高人居环境水平具有非常重要的意义。

3.1　植物配置在建筑环境中的意义

建筑环境，是指广义的人造景观及其环境，既包括建筑物、构筑物环境，也包括建筑周围的假山、置石及小品、铺装等景观元

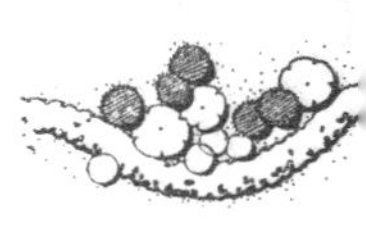

素。这种环境下的种植设计既要考虑景观上软、硬两种元素的协调，又要考虑每一种元素功能的发挥。

建筑仅仅是环境的一部分，建筑美从整体上说是服从于周围环境的，从这个意义上讲，建筑美与自然美的融合是中西方设计师共同追求的目标。建筑与植物所构成的自然环境的紧密结合，是现代生态建筑的基本特征，也是区别于其他建筑的一个重要标志。通过源于自然、高于自然的植物配置与艺术意境的创造，能够达到建筑与自然之间互相穿插、交融布局的效果，使得建筑与环境有机协调（图 3-1）。建筑环境的植物配置主要有以下几个方面的意义。

图 3-1 建筑与植物配置透视效果（一）

3.1.1 突出建筑主题

中国古典园林中许多景点是以植物命名，而以建筑为标志，从而使植物与建筑情景交融。例如，苏州拙政园中的荷风四面亭位于三岔路口，三面环水，一面邻山。植物配置以较高大的乔木（如垂柳、榔榆等）形成绿化基调，灌木则以迎春为主，四周种植荷花。每当仲夏季节，柳荫匝地，荷风拂面，清香四溢，体现了“荷风四面”的意境，进而升华出“出污泥而不染，濯清涟而不妖”的高尚情怀，表达了园主人不同流合污的理想和追求，对园林寄托了深厚的感情（图 3-2）。

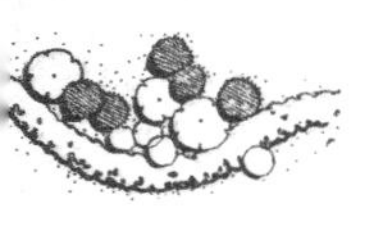

图 3-2　建筑与植物配置透视效果（二）

3.1.2　协调建筑与环境的关系

植物是协调自然空间与建筑空间最灵活、最生动的手段。在建筑空间与自然空间中科学配置观赏性较好的花草树木，通过基础栽植、墙角种植、墙壁绿化等具体方式，以植物独特的形态和质感来柔化生硬的建筑形体，能使建筑物突出的体量与生硬轮廓软化在绿树环绕的自然环境之中（图 3-3）。对于不同类型的建筑，应用的主要植物种类也不一样。一般体型较大、立面庄严、视线开阔的建筑物附近，可以选择质地较粗、形体高大、树冠开展的树种；在玲珑精致的建筑物四周，则适宜栽植一些姿态轻盈、枝叶小巧致密的树种。另外，植物的枝叶可以形成风景的框架，将建筑景观框于画中（图 3-4）。

3.1.3　丰富建筑物的艺术构图

建筑物的线条一般都比较生硬，颜色相对单调，而植物的枝条柔和曲折，色彩也以能调和建筑物各种色彩的中间色——绿色

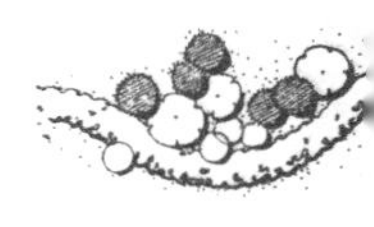

平面布置

透视效果

图 3-3 植物配置平面布置及透视效果（一）

为主，因此植物的美丽色彩及柔和多变的线条一方面可遮挡或缓和建筑的不足之处；另一方面如果配置得当，还可以更好地丰富建筑的轮廓，与建筑取得动态均衡的景观效果（图 3-5）。中国古典园林中，以植物来丰富建筑构图的例子屡见不鲜，例如，在江南园林中常见园洞门旁种植竹丛或梅花，树枝微倾向洞门，以直线条划破圆线条形成对比，增添了园门的美而且起到均衡的效果（图 3-6）。

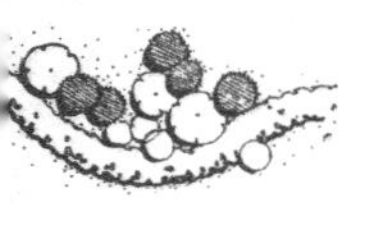

图 3-4　建筑与植物配置透视效果（三）

图 3-5　建筑与植物配置透视效果（四）

3.1.4　赋予建筑以时间和空间的季候感

建筑物是形态固定不变的实体，植物则是最具有变化的景观要素，各种园林植物因时令的变化而生长变化，使景观呈现出生机盎然、变化丰富的意象，使建筑环境产生春、夏、秋，冬的季相变化。不同风格的建筑、不同色彩和质地的墙面能够反衬植物的苍、翠、青、碧诸般绿色以及其中点缀的姹紫嫣红，利用植物的季相变化特点，把不同花期的植物搭配种植于建筑周围，使同一地点的特

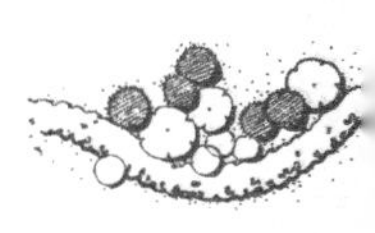

图 3-6　建筑与植物配置透视效果（五）

图 3-7　建筑与植物配置透视效果（六）

定时期产生特有的景观，给人以不同的感受，使固定不变的建筑具有生动活泼、变化多样的季相感（图 3-7）。

3.1.5　丰富建筑空间层次，增加景深

由植物的干、枝、叶交织成的网络，稠密到一定程度便可形成一种界面，利用它可以起到限定空间的作用。这种稀疏屏障的界面

与由园林建筑墙垣所形成的界面相比，虽然不甚明确，但与建筑的屏障相互配合，枝繁叶茂的林木可以补偿建筑空间感不强的缺陷，必然能形成有围又有透的建筑庭院空间。例如，建筑围合的空间面积过大，高度又有限，就可能出现空间感不强的缺点，在建筑物前适宜种植一些乔木或乔木结合灌木及其他小品造景，可以在景观建筑之上再形成一段较稀疏的界面，从而加强空间的围合感并丰富建筑前的景观环境。另外，透过园林植物所形成的枝叶扶疏的网络去看某一景物时，其作用也是一样的，虽然实不变，但感觉上更显深远（图 3-8、图 3-9）。

图 3-8　植物配置平面布置及透视效果（二）

3.1.6　使建筑环境具有意境和生命力

在建筑环境中，充满诗情画意的植物配置，能够体现出植物与建筑的巧妙结合。在不同区域栽种不同的植物或突出某种植物，能够形成区域景观的特征，增加建筑景观的独特的意境和生命力，避免环境的平淡、雷同。各种类型的建筑通过适宜的植物配置，都可

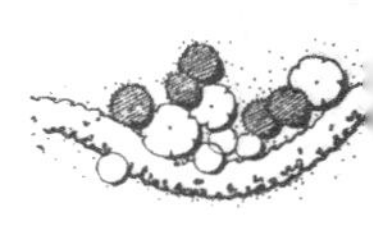

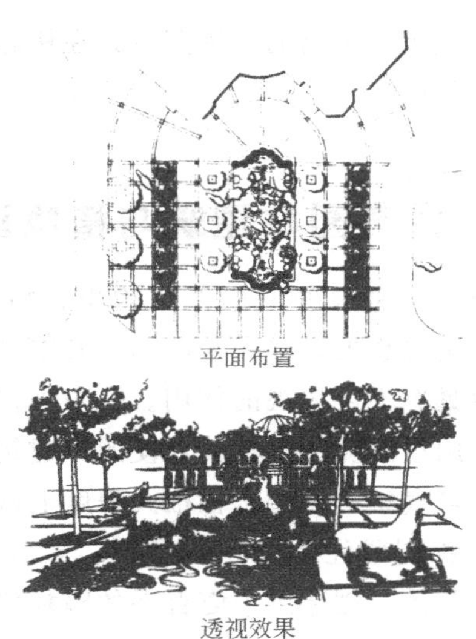

平面布置

透视效果

图 3-9 植物配置平面布置及透视效果（三）

图 3-10 建筑与植物配置透视效果（七）

以体现出其独特的意境。这也在中国古典园林建筑中得到了较多的应用，如很多景观亭都是以风吹过松林发出的涛声为主题，创造出“万壑风生成夜响，千山月照挂秋荫”的意境。这种对建筑环境意境的追求，反映了人们对田园生活及自然美景的向往（图 3-10）。

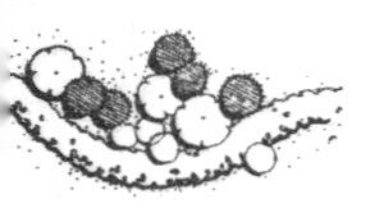

由此可见，建筑周边园林植物的合理配置，在构思立意、意境营造上起着举足轻重的作用。

3.2 古典园林建筑与植物配置

古代园林建筑以其独具匠心的艺术构思、精湛的工程技术手段、富于哲理的审美思想展现在世人面前，其丰富的外在表现形式对园林整体美观性具有不可忽视的作用。在中国古典园林中，多通过模仿原始状态下山川河流的自然美，使园林建筑融合于周围环境之中。这种和谐环境气氛的创造，在很大程度上依赖于园林建筑周围的植物配置。植物配置注重与建筑环境、景致相协调，做到因势、随形、相嵌、得体，创造出千姿百态的园林建筑景观，从而达到“虽由人作，宛自天开”的艺术境界。

3.2.1 园林植物配置与造景的概念

中国古典园林植物配置的历史非常悠久，早在殷代末期，随着狩猎、畜牧、农耕的发展，人们开始在居室周围筑墙围护，并种植梅、桃、木瓜、桑、栗等植物。随着封建社会等级制度以及文学艺术的发展，植物在建筑周围的栽植开始具有了某种意义。唐代武少仪在《移丹河记》中曾记载：“（高平县）在唐贞元十年，屯留令平原明济，假领高平建水神祠，列树建亭”，这时建筑周边绿化的有序栽植，代表的是一种“等级”和“秩序”。到了清代，这种趋势在园林建筑周围更为明显，例如在北京颐和园仁寿殿外围墙内侧栽植松树代表皇权，外侧柏树则代表文武百官。而在一些私家园林中，植物又被赋予了其他象征意义，文人雅士抒发情怀，因此植物配置也被从上到下地重视起来。

古典式建筑斗拱梭柱、飞檐起翘，具有或庄严雄伟、舒展大方，或小巧玲珑、造型别致的特色。它不只以形体美为游人所欣赏，还与山水林木相配合，共同形成古典园林风格。园林建筑常采

用小体量分散布景的方式，既是景观，又可以用来观景，除去使用功能之外，还有美学方面的要求。

植物作为自然界中的一分子，能够更好地体现“人与天调，天人共荣”的原则，因此在传统古典园林中更是不可或缺。古典园林中建筑无论多寡，也不论其性质功能如何，都力求与山、水、花木这三个造园要素有机地组织在一系列风景画面之中（图 3-11）。明代造园家计成在其所著的《园冶》一书中指出：“凡园圃立基，定厅堂为主，先乎取景，妙在朝南，倘有乔木数株，仅就中厅一二”，就很好地解析了三者之间的关系。

图 3-11　古典植物与建筑配置景观透视效果

3.2.2　园林建筑中植物配置的布局形式

中国古代建筑空间的创作目的，主要是根据功能需要提供某种明确、实用的观念和情调，适时、适地的去创造各种不同的情感氛围。因此，可以说，中国古代建筑首先考虑的是实用功能，这不仅体现在园林古建筑组群的布局之中，还体现在园林古建筑中的植物配置方式上。

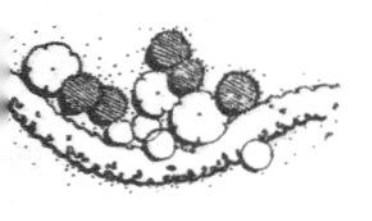

3.2.2.1 规则式布局

很多古代皇家园林以及寺庙园林，其建筑形式多为规则式，用来表达皇权的秩序或神明的威严。其植物配置也多采用规则式的植物配置形式，规则式布局的树木庄重威严，与建筑环境所想要表达的内容极其贴切。园林古建筑往往在门、山门或大殿前端左右两侧栽植 2 株或 4 株树木，也有树阵式栽植方式，树木株距相等、排列整齐、错落有致。植物的这种整齐、严谨的布局方式，代表的是一种秩序（图 3-12、图 3-13）。在这种功能前提下采用对称式的植物配置形式是必然的，这种植物的对称布局同建筑一起，起着烘托环境情感氛围的作用。

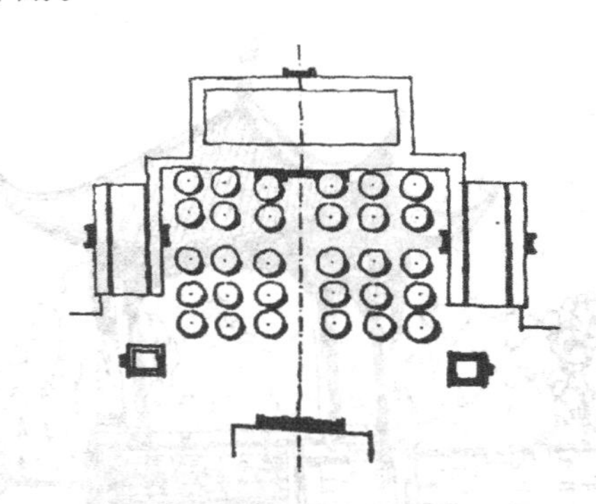

图 3-12　规则式古典植物配置平面布置

图 3-13　规则式古典植物配置透视效果

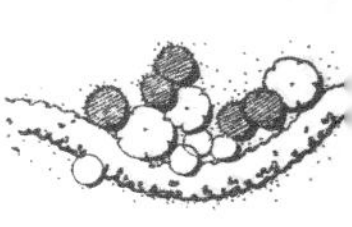

在有轴线的庭院中，轴线两边也经常会规则式地对称栽植庭荫树或花木，以便与庭院空间相协调，表达一种秩序或等级化的概念。例如，许多古典建筑的前后庭，经常以龙爪槐、银杏、桧柏等对称种植。

3.2.2.2　自然式布局

在传统的自然山水园之中，植物多呈自然式布局。为了“放怀适情，游心玩思”，人们或利用天然景区加以改造成为悠然的世外桃源，或在城市里创作一个山林幽深、云水泉石的生活境域。他们不仅要在居住环境中体现自然，而且还要在园林里寄情山水。在这种情况下，园林中的植物配置一般是模仿自然界的布局方式，以姿态优美的园林植物进行自然式栽植，创造出清幽、雅致的自然式园林环境（图 3-14）。

图 3-14　自然式古典植物配置透视效果

3.2.3　不同类型园林古建筑的植物配置

中国古典园林中应用了多种具有浓厚民族风情的建筑物，常见的有殿、阁、楼、厅、堂、馆、轩、斋等形式，它们都可以作为主体建筑布置。另外，园林中其他类型的建筑小品也十分丰富，主要有亭、廊、榭、桥、墙、舫以及花架等，这些园林建筑及小品在进

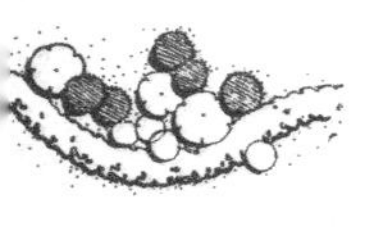

行植物搭配时各有特点。

3.2.3.1 园亭（塔）

园亭（塔）具有丰富变化的屋顶形象和轻巧、空灵的屋身以及随意布置的特点，常常成为组景的主体和园林艺术构图的中心。作为供游人休息和观景的园林建筑，园亭（塔）的特点是周围开阔，在造型上相对小而集中，常与山、水、绿化结合起来组景；作为园林中“点景”的一种手段，它们多布置于主要的观景点和风景线上；在一些风景游览胜地，它们成为增加自然山水美感的重要点缀。园亭（塔）周围植物配置中经常运用“对景”、“框景”，“借景”等手法，来创造美丽的风景画面（图 3-15～图 3-17）。

图 3-15 景亭植物配置透视效果

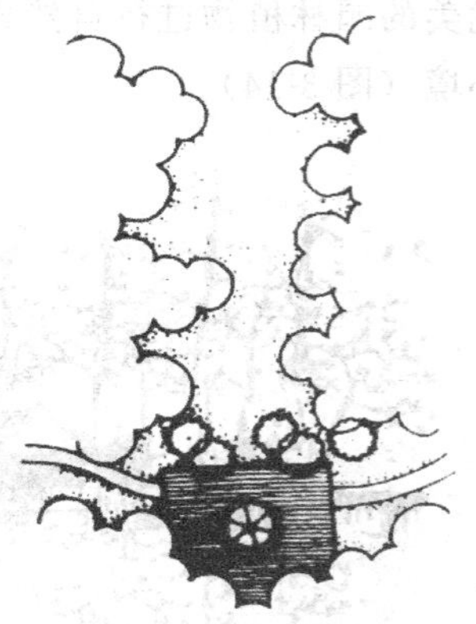

图 3-16 景观塔植物配置平面布置

3.2.3.2 园廊

屋檐下的过道及其延伸成独立有顶的过道称为廊。它不仅是联系室内外的建筑，还常成为建筑之间的通道，是古典园林内游览路线的重要组成部分，其本身也构成了景观的焦点。它既有遮阴蔽雨、休息、交通等功能，又起到组织景观、分隔空间、增加风景层次的作用。在植物配置中多以藤本植物结合一些观赏价值较高的开花植物来增加景观特色，并特别注意在廊的两侧及周围自然地配置多种具有古典韵味的园林植物，使其和谐地融入整体环境之中（图 3-18）。

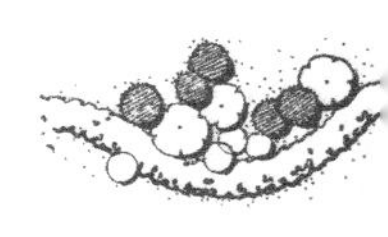

图 3-17　景观塔植物配置透视效果

图 3-18　古典园廊植物配置透视效果

3.2.3.3　水榭

水榭是供游人休息、观赏风景的临水园林建筑。其典型形式是在水边架起平台，平台一部分架在岸上，另一部分伸入水中，临水部分或围绕低平的栏杆或设座椅供游人休憩。面水的一侧是主要观景方向，常采用落地门窗，开阔通透。水榭既可在室内观景，也可到平台上游憩眺望。水榭周边的植物配置常以柳树、枫杨等耐水湿乔木结合荷花、睡莲等水生植物的运用，创造一种滨水植物景观（图 3-19）。

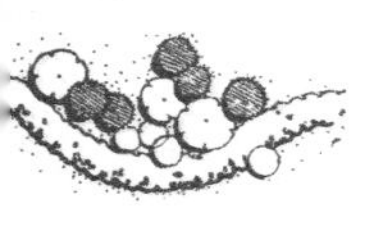

图 3-19　古典水榭植物配置透视效果

3.2.3.4　园墙

园墙在园林中起划分区域、分隔空间和遮挡作用，精巧的园墙还可装饰园景。在中国古典园林中，按材料和构造可分为乱石墙、白粉墙等。此外，园墙还通常设有洞门、洞窗、漏窗以及砖瓦花格进行装饰。分隔院落多用白粉墙，墙头配以青瓦。用白粉墙衬托山石、花木，犹如在白纸上绘制丹青，能够取得较好的装饰及意境效果。

园墙的植物配置，首先应特别注重墙内外的植物景观的统一性，通过应用相同的植物种类及类似的搭配方式，避免园墙生硬地隔断两侧景观；其次园墙往往本身比较长，因此尽可能配置密集的植物，使墙体掩映于红花绿树之中，削弱墙体引起的单调的感觉；对于特殊造型的园墙或景墙等，要根据具体的造型进行相应的植物配置，以起到良好的衬托作用（图 3-20）。

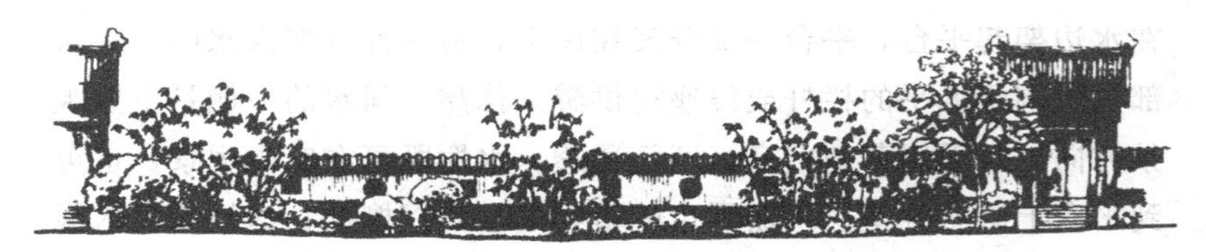

图 3-20　古典园墙植物配置平面布置及立面效果

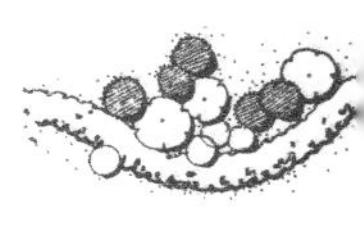

3.2.3.5 其他园林小品

古典园林中拥有多种供休息、装饰、照明等的小型建筑小品及现代为满足游人观赏游憩而增加的展示、标志小品等，它们一般体量小巧，造型别致。园林小品既能美化环境，增加园趣，为人们的休息和活动提供方便，又可以使人获得美的感受和良好的教益。植物配置首先应考虑如何使小品与周边环境协调地融合，其次要根据园林小品本身功能的发挥进行针对性的植物配置（图 3-21）。

图 3-21 古典植物配置透视效果

3.3 现代园林建筑与植物配置

3.3.1 现代建筑的特点

优秀的建筑作品，犹如一曲凝固的音乐，给人带来艺术的享受。空间环境的特定性是建筑不同于其他艺术门类的重要特征。生长环境和民族文化喜好的不同使各地域的自然植物景观呈现出巨大的差异，而建筑与周围自然环境的结合，不仅反映了人与自然的和谐关系，而且造就了丰富多彩的地域景观（图 3-22）。

近年来，现代建筑设计的国际化趋势日渐明显，建筑的思想和

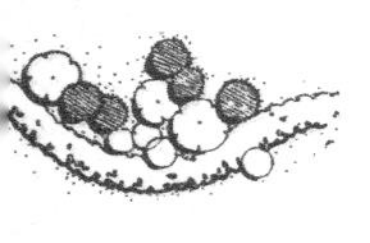

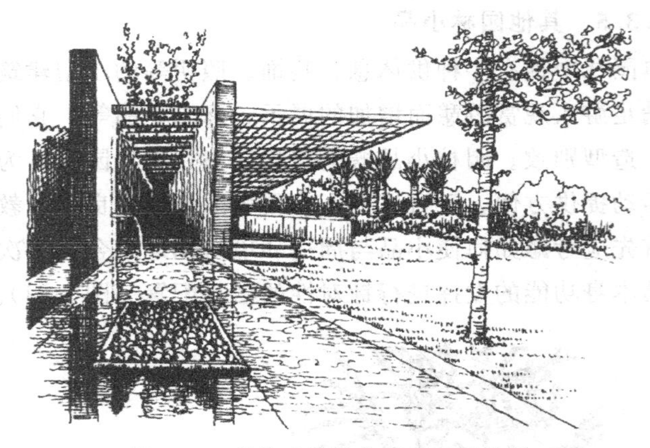

图 3-22　现代建筑植物配置透视效果

风格变化多样，在当今的建筑设计中主要考虑其实用性和观赏性，外部造型简洁、明朗、清新、大方，要求满足生产和建筑成本的基本要求，新的工业建筑材料特别是钢筋混凝土、平板玻璃、钢铁构件等在建筑中得到了广泛的应用，建筑强调功能性、理性原则。这些变化和发展，对于相应环境的植物配置提出了新的要求。

3.3.2　现代建筑与园林植物配置的协调性

建筑是城市环境的重要组成部分，虽然现代信息共享使人们的生活方式和审美取向日渐趋同，建筑风格的同化现象不可避免，但作为稳定的不可移动的具体形象，终归要借助于周围环境和谐的布局才能获得完美的造型表现。建筑的外部空间环境不仅同建筑形象有关，而且同建筑室外景观密切相关，因此完全可能通过迥异的室内外绿化景观所带来的不同人文视觉景观，来改善建筑的趋同性，并使其成为一幢建筑最不易磨灭的印记（图 3-23）。

从建筑与绿化的关系来说现代建筑大体上可以分为三类：第一类是建筑占绝对的主体地位，如城市中的小高层、高层建筑和摩天大楼等。对于此类建筑，绿化在高度上无法与其匹配，故设计的重点在于

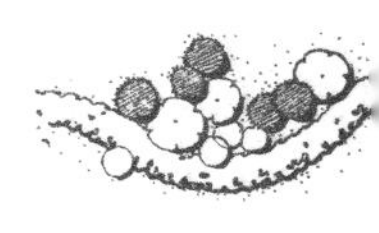

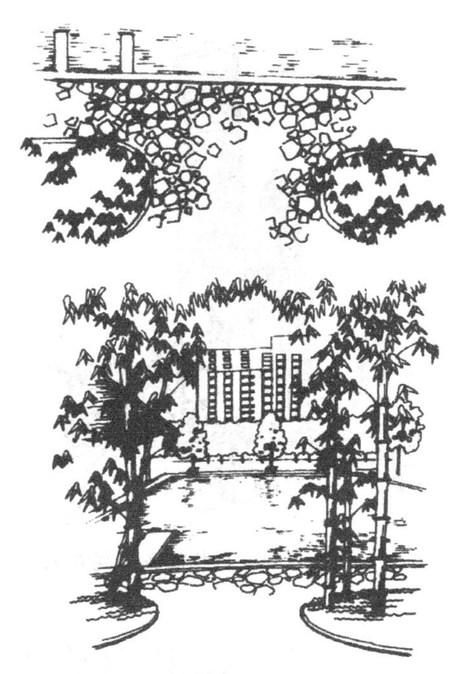

图 3-23 现代建筑植物配置平面布置及透视效果

绿化和建筑文脉相关性的处理上（图 3-24）。第二类是单层、双层的小型建筑（如园林建筑小品等），这类建筑把绿化看成是其景观或功能的一部分（图 3-25）。在此环境中，绿化与建筑的关系相当密切，设计时可把他们结合起来统一考虑。第三类建筑是处于以上两种情况的中间者，例如多层建筑，是城市中数量最多、处理起来最有难度的一种。在此类建筑环境中，绿化和建筑也密不可分，设计时既要考虑建筑与绿化的整体构成，又要注意建筑各局部的绿化问题。

现代建筑美从整体上说是服从于周围环境的，而绿色植物的季节性变化特点使其在营造建筑外部空间环境中成为必不可少的要素之一。利用常绿树、落叶树、开花乔灌木、色叶树等随季节变化而变化的季相来表达时序更迭，展示建筑四维空间的景观，对于丰富建筑环境景观有很好的效果。这种季相变化常表现为春季繁花似

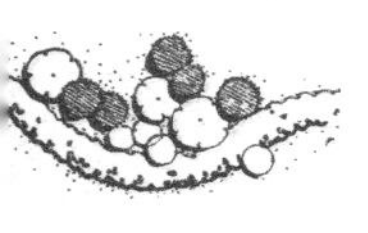

图 3-24　现代建筑植物配置透视效果

图 3-25　小型建筑植物配置透视效果

锦，夏季浓荫蔽日，秋季叶色鲜艳，冬季松柏傲雪。

3.3.3　现代建筑中植物配置的方式

植物是最丰富多彩、灵活多变的造景要素，展现出生机勃勃的

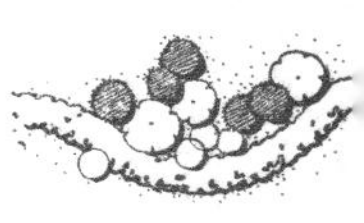

自然生命景观，与建筑共同表达各种主题的意境。由多种植物配置后的建筑环境具有较好的视觉效果，能够增加建筑的动态美和自然美，而且植物配置群体所产生的生态效应也能带来良好的环境效益。建筑与植物之间应相互借鉴、相互补充，使建筑景观具有画意。如果处理不当，则会导致相反的结果。例如，有的建筑师不考虑周围的景观，一意孤行地将庞大的建筑作品拥塞到小巧的风景区或风景点上，就会导致周围的风景比例严重失调，使景观受到野蛮破坏。现代建筑与植物的配置方式主要有以下几种类型。

（1）自然式配置　建筑环境中植物的自然式配置是通过与植物群落和起伏地形的结合，从形式上来表现自然，立足于将自然生境引入建筑周围。在设计建筑环境时从自然界中选择优美的景观片段加以运用，尽量避免所有不和谐的因素，从而使现代建筑协调的融入自然景观之中（图 3-26）。

图 3-26　植物与建筑配置透视效果（一）

（2）规则式配置　很多现代建筑形体规则、庄重，并且由于场地的限制，其周边环境也多以直线形为主。因此，在这种类型的现代建筑中更多应用规则式的植物配置，常见的形式有树阵式及规则式修剪绿篱等。这种配置方式能够更好地符合建筑的外部形象、空间布局以及室外环境的使用功能（图 3-27）。

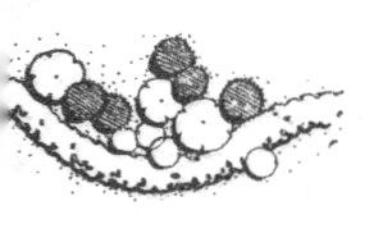

图 3-27　植物与建筑配置透视效果（二）

(3) 保护型配置　对于自然风景区或者具有历史文脉的建筑周边的植物配置，首先要对建筑及其周围环境中植被状况和自然史进行调查研究，以及对区域植物配置与生态关系进行科学分析之后，再选择符合当地自然条件并反映当地景观特色的乡土植物，通过合理调配及组合，减少配置不当对自然环境的破坏，以保护现状良好的生态系统。因此，此类型建筑周边环境的植物造景不是想当然地重复流行的形式和材料，而要适当地结合气候、土壤及其他条件，以地带性乡土植物群落展现地方景观为主（图 3-28）。

3.3.4　现代建筑不同区域的植物配置

(1) 门区　门是游览通行的必经之处，门和墙连在一起，起到分隔空间的作用。充分利用门的造型，以门为框，通过植物配置与路、石等进行精致地构图，不但可以入画，而且可以扩大视野，延伸视线。热带地区常在椭圆形的门框一侧配以棕竹等小型灌木，其小巧的姿态和活泼的线条能够打破机械的门框造型，如在门框后另一侧配置粉单竹等与之相呼应，则整体效果更为均衡。封闭式小区大门的一侧或两侧通常设置门卫房，应通过合理的种植使其融入整体的环境之中（图

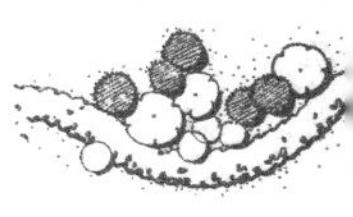

图 3-28 植物与建筑配置透视效果（三）

3-29）。现代的大门往往对门区进行统一的规划，打破过于单调的布局方式，将门区设计成精致的入口广场，通过小品、建筑及植物的协调组合，使入口区成为高品质小区的形象展示节点（图 3-30）。

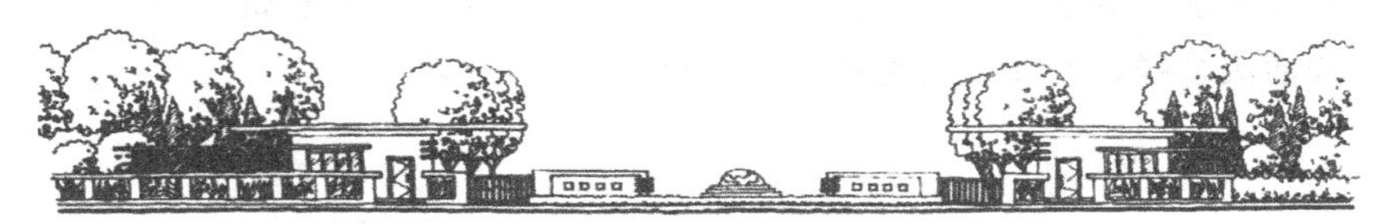

图 3-29 门区植物配置立面效果

图 3-30 大门处植物配置透视效果

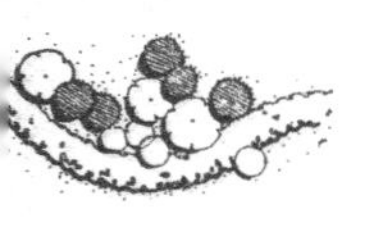

（2）建筑入口外部空间　建筑入口外部空间依附于建筑入口而存在，与建筑紧密相连。它是以人口为中心向外部扩展的空间，没有明确的边界。建筑入口外部空间首先作为建筑的基本组成部分，必须符合建筑自身的性质和风格形式，体现建筑的整体感及和谐美，满足建筑自身的物质功能和精神功能的需求。不同的建筑入口外部空间环境会带给人不一样的情感反应与行为反射，人们在这里进出、交往、游憩、娱乐、礼仪活动。它也是城市环境的有机组成部分，是城市外部空间中极其重要的一环，能集中体现城市的个性与风貌。入口的景观设计包含多种要素，其中植物配置具有极为重要的作用。种植设计主要功能是作为视觉及精神审美对象，用于烘托建筑入口外部空间气氛，其次它还具有物质功能特征，可将树木、植物、花草作为构成和完善入口外部空间的特殊手段，如围蔽、遮挡等。大型建筑入口多为规则式，因此植物配置常见的形式也为对称式布局，以突出建筑的宏伟特征（图 3-31）。而小型建筑及园林建筑入口的形式活泼多样，因此植物配置的形式也是丰富多彩的。

图 3-31　建筑入口处植物配置透视效果

（3）窗前区　窗在建筑绿化中常用来形成框景的效果，在室内透过窗框欣赏室外的植物景观，可以形成一幅生动的画面。由于窗

框的尺度是固定不变的，植物却在不断生长，随着其体量增大，会破坏原来协调的画面。因此，植物配置时要选择生长缓慢且形体变化不大的植物，近旁可搭配景石以增添其稳固感，构成有动有静、相对稳定持久的画面。现代建筑窗景的很多设计理念和灵感同样是来自于中国古典园林或与其有异曲同工之妙（图 3-32、图 3-33）。

图 3-32　窗景植物配置透视效果（一）

图 3-33　窗景植物配置透视效果（二）

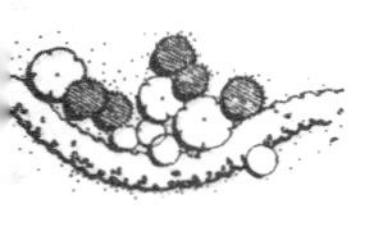

（4）围墙　围墙的一般功能是承重和分隔空间，由于很多墙体本身并不美观，因此对围墙两侧进行绿化，不仅可以美化单调的墙体，而且可以使墙外远景和墙内近景有机的结合成一个整体，从而扩大空间，丰富园林景色，构成景外有景、远近相衬、层次分明的优美景色（图 3-34）。在园林中，经常利用墙南面小气候良好的特点引种一些美丽但抗寒性稍差的植物，或发展成墙园，使墙面自然气氛倍增。一般的墙园都用藤本植物或经过整形修剪及绑扎的观花、观果灌木或者乔木来美化墙面，辅以各种球根、宿根花卉作为基础栽植，常用的藤本植物有紫藤、木香、蔓性月季、地锦、炮仗花等。另外，建筑中的白粉墙常起到画纸的作用，通过配置观赏植物，以其自然的姿态与色彩作画，常用的植物有红枫、山茶、杜鹃、枸骨、南天竹等；而在黑色的墙面前，宜配置开白花的植物（如木绣球等），使硕大饱满的圆球形花序明快地跳跃出来，能起到扩大空间视觉效果的作用。

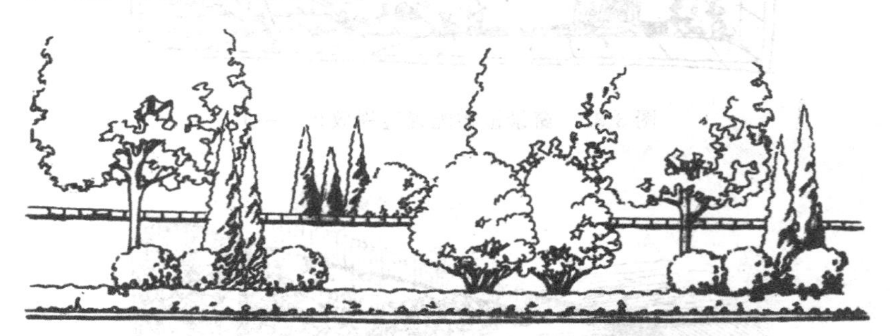

图 3-34　围墙植物配置立面效果

（5）建筑角隅　建筑的角隅线条生硬，通过植物配置来进行缓和最为有效，可选择多种观果、观叶、观花、观干等种类成丛配置，也可略作地形，竖石栽草，结合种植优美的花灌木组成一景。根据建筑的形式，种植可相应采用规则式或自由式，在选择植物时应充分了解其体量和比例及生长速度等，以保证与建筑长期的和谐效果（图 3-35）。

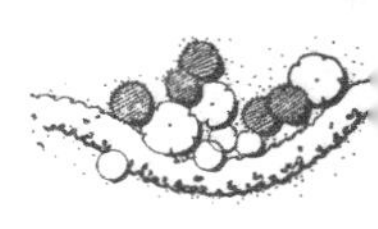

图 3-35 建筑角隅植物配置透视效果

3.4 居住区建筑的植物配置

城市居住区是指大多由城市道路或自然边界线所分隔，不为城市道路穿越的完整居住地区。随着城市人口的增加，居住区的人口密度也在相应增大，其建筑形式也更加多种多样，这对居住区的建设特别是绿化建设提出了更高的要求。

3.4.1 当前居住区建筑的特点

当前居住区的建筑布局多为混合式，小区中的大多数建筑为行列式布置，少量的为自由式；居住区的周边多为高层建筑，周边高而中间低，形成一个“盆地”结构，小气候明显。这对多数植物的选择是一个有利的因素；现代居民楼外墙体多为彩色涂料或瓷片，

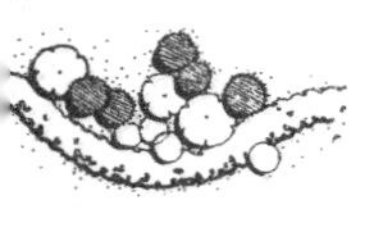

封闭阳台及大窗户应用大量的玻璃，改变了周边环境的光照特点，使阳面光照更大，阴面也不再是浓荫，尽管造成了眩光现象，但对喜光树种的生长却有积极作用。

3.4.2 现代住宅区绿化环境及设计的现状

现代城市住宅区发展迅猛，住宅建筑的质量不断提高，但是在住宅区的绿化建设上，还存在不少问题。一些住宅区规划设计方案仅仅满足了符合规范或绿化法规条例的要求，但缺乏情趣、有人情味的可持久的绿化空间设计。有些住宅区中绿地景观被围栏包围，远远不能发挥绿化的实用功能。

很多住宅区的植物景观没有特色，识别性不强，导致来访的客人很难快速准确地定位。不少小区绿化都是应用草坪点缀少量乔木的形式，造成住宅区植被和空间布局的趋同性，这显然没有充分考虑居民的实际功能和心理需要。而大面积草坪相对植物群落而言，属于高养护性绿地，往往会增加住宅区居民的经济负担。另外，在我国物业管理刚刚起步，小区管理尚不完善，不少住宅区在正式投入使用后，由于疏于管理和维护，使优美的绿化环境不能持久，从而大大降低了住宅区环境的质量，这就要求植物景观在低水平养护条件下依然能够可持续发展。

3.4.3 现代城市住宅区建筑环境植物配置原则

随着人们环境保护意识的日益增强和对生活环境要求的不断提高，在选购住房的过程中，越来越多的人开始关注小区的景观环境是否良好、住宅区内及其周边的自然景观和人文景观是否丰富、是否有活力并与生态环境相协调。这种生态化的现代居住观，给小区环境设计提出了更高的要求。由于植物配置对于这种生态化的景观要求具有举足轻重的影响，因此在进行住宅区的种植设计时，更应坚持以科学的理论原则为指导。

（1）绿化配置以植物群落为主　在现代化的住宅区环境中，园

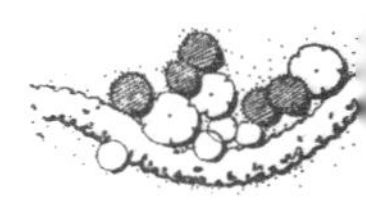

林植物是景观的主体，植物群落是绿色空间环境的基础。因此，应以乔木、灌木、草本花卉、藤本植物、地被等进行有机结合，根据它们的种类和习性，组成层次丰富、适合该地环境条件的人工园林植物群落，以发挥最佳的生态效益（图 3-36）。

图 3-36 小区植物配置透视效果（一）

（2）营造舒适的植物景观空间　现代化的住宅区特别注重居民的交流、运动和休息，如何围绕小区绿地这一共享空间，组织有益的户外活动，丰富小区居民生活及密切人际关系，是景观设计中的一项重要内容。因此，在规划设计时，就要考虑设置各种类型及规模的集中绿地，结合植物配置形成一些相对独立的空间，并避免过度集中的中心绿地环境因噪声等问题影响居民的正常休憩，以利于小区住户的休息和生活（图 3-37）。

（3）绿化设计的实用性和艺术性　在住宅区植物景观的设计和建设中，要注重实用功效和美学艺术相结合，创造充满情趣的生活空间。因而在植物造景上既要考虑居民的实际使用要求，又要结合人文内涵，体现人的情感与文化品位取向，营造实用性、生态化、艺术化的现代人居环境。

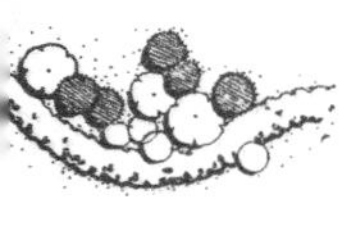

图 3-37　小区植物配置透视效果（二）

（4）**植物与建筑布局协调一致**　公共绿地应根据建筑群不同的组合来布置并进行相应的种植设计，以协调建筑的布局并方便居民使用。如果建筑为行列式布局，住宅的朝向、间距排列较好，日照通风条件也较好，绿地布局可以结合地形的变化，采用高低错落、前后参差的形式，打破建筑单调呆板的布局；如建筑为周边式布局，则中间会有较大的空间可以建设为该区的中心绿地；如果建筑为高层塔式建筑，周围可采用自然式布局的植物配置。对于不同类型的住宅区，其景观设计的方法也不一样，因此植物景观设计应该与总体的规划设计相一致（表 3-1）。

表 3-1　住宅区环境景观结构布局

住宅区分类	景观空间密度	景观布局	地形及竖向处理
高层住宅区	高	采用立体景观和集中景观布局形式。高层住区的景观总体布局可适当图案化，既要满足居民在近处观赏审美要求，又需注重居民在居室中向下俯瞰的景观艺术效果	通过多层次的地形塑造来增强绿视率

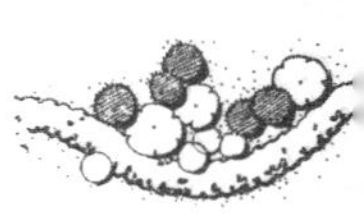

续表

住宅区分类	景观空间密度	景观布局	地形及竖向处理
多层住宅区	中	采用相对集中、多层次的景观布局形式，保证集中景观空间合理的服务半径，尽可能满足不同年龄结构、不同心理取向的居民的群体景观需求。具体布局手法可根据住区规模及现状条件灵活多样，不拘一格，以营造出有自身特色的景观空间	因地制宜，结合住区规模及现状条件适度地形处理
低层住宅区	低	采用较分散的景观布局，使住区景观尽可能接近每户居民，景观的散点布局可结合庭院塑造尺度适宜的半围合景观	地形塑造的规模不宜过大，以不影响低层住户的景观视野又可满足其私密度要求为宜
综合住宅区	不确定	根据住区总体规划及建筑形式选用合理的布局形式	适宜地形处理

3.4.4 居住区建筑植物配置设计

居住区绿地是人们休息、游憩的重要场所，建筑周边绿地的植物配置构成了居住区绿化景观的主题，能够起到美化环境、满足人们游憩要求的功能。为了创造舒适、优美、卫生的绿化环境，在植物配置上应灵活多变，既要注重整体的布局形式，又要充分考虑树种的科学选择及合理配置，才能达到绿化、净化、美化的效果。

3.4.4.1 点、线、面结合的景观布局

点是指居住区的公共绿地，是为居民提供茶余饭后活动休息的场所。由于它的利用率高，要求位置合理以方便居民前往，植物配置应与平面布置相一致，并突出“乔遮阴、草铺底、花藤灌木巧点缀”的公园式绿化特点，选用多种观赏价值高的草本及木本植物，进行丛植、孤植和棚架式栽植等。线是指居住区的道路、围墙绿化，可栽植冠大荫浓、遮阴效果好的乔木（如银杏、臭椿等），结

合花灌木或藤本植物（如樱花、石楠、爬山虎等）进行多层次绿化。面是指建筑周边绿化，包括楼间绿地及居住区周边的隔离绿地等。楼间绿地的植物配置要结合休憩广场等进行相应设计，以满足具体的功能要求。隔离绿地的设计则主要考虑在美观的基础上兼顾防护作用和生态效益，配置以群落式的种植为主。点、线、面的种植设计既要满足各自的绿化要求，又要注意彼此间的融合与协调（图 3-38）。

图 3-38　小区植物配置透视效果（三）

3.4.4.2　模拟自然

现代居住区绿化，越来越重视借鉴大自然的植物景观效果，这就要求居住区绿化首先应尽量应用多种类型的植物，以达到景观的丰富性和生态的生物多样性（表 3-2）；其次种植设计时可采用模拟自然的生态群落式配置，使乔木、灌木、藤本、草本植物共生，使喜阳、耐阴、喜湿、耐旱的植物各得其所。

植物配置时应乔木、灌木、藤本、草本植物相结合，常绿与落叶、速生与慢长树木相结合，适当应用草花等，以构成多层次的复合结构。保持植物群落在空间、时间上的稳定性与持久性，既能满足生态效益的要求，又能维持长时间的观赏效果（图 3-39）。

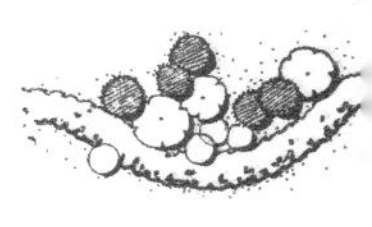

表 3-2　居住区常见木本植物种数与其所在区域常见木本植物种数的关系

区　域	常见木本植物种数	小区应达到的木本植物百分比/%	小区应达到的木本植物种数
东北地区	60	50	30
华北地区	80	40	32
华中、华东地区	120	40	48
华南地区	160	35	56

图 3-39　小区植物配置透视效果（四）

3.4.4.3　统一与变化

居住区植物配置要求在统一基调的基础上，力求树种丰富、组合方式多样，以适合不同绿地的要求，创造丰富多彩的植物景观效果。种植设计可首先选择几种基调树用于道路及集中绿地，在重点地方种植形体优美、季节变化强的植物，在小庭院绿地中可以草坪为基调，适当点缀生长速度慢、树冠遮幅小、观赏价值高的小乔木或灌木。统一与变化相结合，更能显示居住区环境的整体美和局部的特色美（图 3-40）。

图 3-40　小区植物配置透视效果（五）

3.4.4.4　线形多变，疏密有致

居住区种植设计除要考虑平面及竖向线形的丰富变化，还要注意植物种植的疏密有致并注意进行密集种植以遮挡不雅景观（图3-41）。由于居住区内平行的直线条较多（如道路、围墙、建筑等），因此植物配置时，可以利用林缘线的曲折变化及林冠线的起伏变化等手法，使生硬的直线条融入环境的柔和曲线中。为了保证

图 3-41　居住区植物配置透视效果（一）

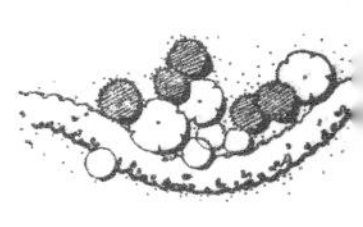

居住区多种活动及景观效果的需要，种植设计应做到疏密有致。如住宅旁活动区植物相对稀疏，使人轻松、愉快，能够获得充足的自然光；而在垃圾场、锅炉旁和一些环境死角，则需进行多层次的密植以屏蔽不雅景观。

3.4.4.5　空间处理

除了中心绿地外，居住区的其他大部分绿地都分布在住宅前后，其布局多以行列式为主，形成平行、等大的绿地，狭长空间的感觉非常强烈。因此，可以充分利用植物的不同组合来打破呆板的规则空间使之活泼、和谐（图3-42）。

图3-42　居住区植物配置透视效果（二）

居住区由于建筑密度大，一方面地面绿地相对少，限制了绿化面积的扩大；但另一方面，建筑却创造了更多的再生空间即建筑表面，为绿化开辟了广阔前景。利用居住区外高中低的布局特点，低层建筑可实行屋顶绿化，高层的山墙、围墙可用垂直绿化，阳台可以摆放花木等；小路和活动场所还可用棚架绿化，以提高生态效益和景观质量。

3.4.4.6　季相变化

居住区是居民生活、休憩的环境，植物配置应有四季的季

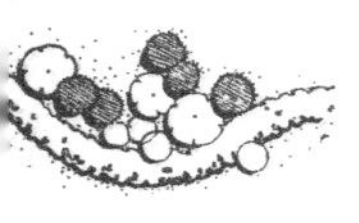

相变化，使之同居民春、夏、秋、冬的生活规律同步，产生春则繁花似锦、夏则绿荫暗香、秋则霜叶似火、冬则翠绿常延的效果（图 3-43）。

图 3-43　居住区植物季相变化效果

3.5　标志性建筑园林景观的植物配置艺术

3.5.1　城市标志性建筑的意义

随着城市建设的快速发展，许多城市都建造了具有一定文化感与历史感的标志性建筑物，并注重强化其周边环境管理及附属配套的建设。标志性建筑不仅意味着形式上的引人瞩目，也意味着建筑所承载的某种功能得到社会的认可。

由于生态问题是人类目前关注的焦点，建筑的发展趋势一定也表现在对生态的关注上，因此未来的标志性建筑会有更多生态的科

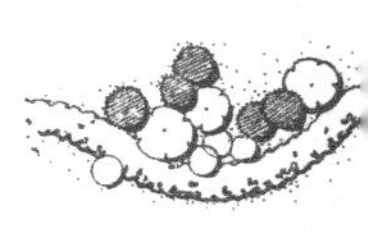

技内涵。建筑对生态问题解决得好坏，是建筑能否打动人心的关键要素之一，建筑周围的绿化配置对于建筑的生态性具有非常重要的作用，在将来的标志性建筑环境中将占有越来越突出的地位。

3.5.2 标志性建筑的植物配置

标志性建筑物周边的植物配置，要符合建筑物的性质和所要表现的主题，使建筑物与周围环境和谐统一。植物与建筑物配置时要注意体量、空间等比例的协调。要加强建筑物的基础种植，使建筑物与地面之间有一个过渡空间，能起到稳定基础的作用。

标志性建筑要注意自身的轮廓、线条、色彩等要与自然环境主动协调，植物配置则强调与建筑紧密联系但又不能喧宾夺主，或者遮挡其主要观赏点。例如，昆明世博园中的标志性建筑，其植物配置就很好地解决了这些问题（图 3-44）。

图 3-44　建筑植物配置透视效果

第4章 道路绿地植物配置及其造景

道路绿化的类型具有狭义和广义之分，狭义的仅指城市干道的绿化，广义上则包括城市干道、居住区、公园绿地和附属单位等各种类型绿地中的道路绿化。道路绿化分为城市道路绿化和园林道路绿化两个部分。城市道路绿化是城市绿地系统的重要组成部分，是体现城市绿化风貌与景观特色的重要载体，直接形成城市面貌、道路空间性格、市民交往环境，为居民日常生活体验提供长期的视觉审美客体，乃至成为城市文化的组成部分。

随着人们对城市环境质量要求的日益提高，作为城市空间组成部分的道路，除满足交通功能、方便建筑规划、提供公用设施用地之外，还应考虑城市景观设计的要求。城市道路的线型规划与景观设计应与道路周围的土地区划、建筑密度、建筑类型及组合、公用设施及街道建筑小品的布设综合考虑。从空间入手，找出城市空间存在形式中道路空间的实质和特性，运用先进的植物景观设计方法，进行道路及其周围整体空间环境设计。无论哪种类型道路的植物配置都要遵循生态学原理，充分挖掘丰富的城市文化内涵，为市民创造人性化的生活和工作环境。

园林道路绿化是指园林绿地中园路的绿化，植物配置主要的目的：一是强化园路对景观空间的分隔效果；二是通过合理的引导作用实现园路的通行功能；三是要着重考虑美观的要求，通过绿化加强园林景观步移景异的变化。

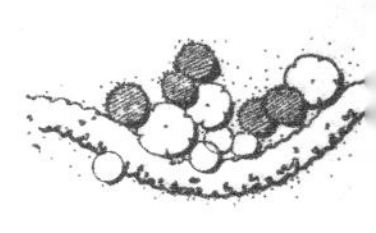

4.1 城市道路的绿化布置形式

4.1.1 城市干道的植物配置

4.1.1.1 景观游憩型干道的植物配置

景观游憩型干道的植物配置应兼顾其观赏和游憩功能，从人的需求出发，兼顾植物群落的自然性和系统性来设计可供游人参观游赏的道路。有城市林荫道之称的肇嘉浜路中间有宽21米的绿化带，种植了大量的香樟、雪松、水杉、女贞等高大的乔木，林下配置了各种灌木和花草，同时绿地内设置了游憩步道，其间点缀各种雕塑和园林小品，发挥其观赏和休闲功能。

4.1.1.2 防护性干道的植物配置

道路与街道两侧的高层建筑形成了城市大气下垫面内的狭长低谷，不利于汽车尾气的排放，直接危害两侧的行人和建筑内的居民，对人的危害相当严重。基于隔离防护主导功能的道路绿化主要发挥其隔离有害有毒气体、噪声的功能，兼顾观赏功能。

4.1.1.3 高速公路的植物配置

良好的高速公路植物配置可以减轻驾驶员的疲劳，丰富的植物景观也为旅客带来了轻松愉快的旅途。高速公路的绿化由中央隔离带绿化、边坡绿化和互通绿化组成。中央隔离带内一般不成行种植乔木，避免投影到车道上的树影干扰司机的视线，树冠太大的树种也不宜选用。隔离带内可种植修剪整齐、具有丰富视觉韵律感的大色块模纹绿带，绿带中选择的植物品种不宜过多，色彩搭配不宜过艳，重复频率不宜太高，节奏感也不宜太强烈，一般可以根据分隔带宽度每隔30～70米距离重复一段，色块灌木品种选用3～6种，中间可以间植多种形态的开花或常绿植物使景观富于变化。

边坡绿化的主要目的是固土护坡、防止冲刷，其植物配置应尽量不破坏自然地形地貌和植被，选择根系发达、易于成活、便于管

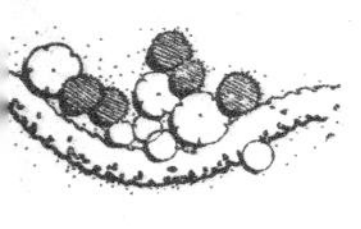

理、兼顾景观效果的树种。

互通绿化位于高速公路的交叉口，最容易成为人们视觉上的焦点，其绿化形式主要有两种：一种是大型的模纹图案，花灌木根据不同的线条造型种植，形成大气简洁的植物景观；另一种是苗圃景观模式，人工植物群落按乔木、灌木、草本的种植形式种植，密度相对较高，在发挥其生态和景观功能的同时，还兼顾了经济效益，为城市绿化发展所需的苗木提供了有力的保障。

4.1.2 园林绿地内道路的植物配置

园林道路是全园的骨架，具有发挥组织游览路线、连接景观区等重要功能。道路植物配置无论从植物品种的选择上还是搭配形式（包括色彩、层次高低、大小面积比例等）都要比城市道路配置更加丰富多样，更加自由生动。

园林道路分为主路、次路和小路。主路绿化常常代表绿地的形象和风格，植物配置应该引人入胜，形成与其定位一致的气势和氛围。如在入口的主路上定距种植较大规格的高大乔木（如悬铃木、香樟、杜英、榉树等），其下种植杜鹃、红花木、龙柏等整形灌木，节奏明快富有韵律，形成壮美的主路景观。次路是园中各区内的主要道路，一般宽 2～3 米；小路则是供游人在宁静的休息区中漫步，一般宽仅 1～1.5 米。绿地的次干道常常蜿蜒曲折，植物配置也应以自然式为宜。沿路在视觉上应有疏有密，有高有低，有遮有敞。形式上有草坪、花丛、灌丛、树丛、孤植树等，游人沿路散步可经过大草坪，也可在林下小憩或穿行在花丛中赏花。竹径通幽是中国传统园林中经常应用的造景手法，竹生长迅速，适应性强，常绿，清秀挺拔，具有文化内涵，至今仍可在现代绿地中见到。

道路绿化与人们的日常生活、工作学习息息相关，其优劣直接影响到人们对一个城市的评价。对于设计者来说，无论在设计哪种类型的道路植物配置都要遵循生态学原理，充分挖掘城市丰富的文化内涵，为市民创造人性化的生活工作环境而努力。

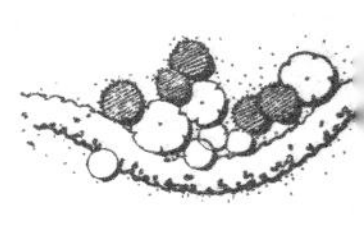

城市道路通常以道路绿化断面布置形式来进行分类，是规划设计所采用的主要模式，常见的形式有一板二带式、二板三带式、三板四带式、四板五带式及其他形式，在此处“板”是指机动车或非机动车车行道，而“带”则是指绿化带或植有行道树的人行道。

4.1.2.1 一板二带式

一板二带式是道路绿化中常用的一种形式，即在车行道两侧的人行道分隔线上种植行道树，人行道两侧常为道路绿化带（图 4-1）。

图 4-1 一板二带式道路的绿化方式

4.1.2.2 二板三带式

二板三带式是指在分隔单向行驶的两条车行道中间进行绿化，并在道路两侧布置行道树。这种形式适合较宽阔的道路，其中间绿带在条件允许的情况下应尽量放宽，进行复层式种植以增加绿量、提高生态效益，这种形式多用于城市快速路的绿化（图 4-2）。

4.1.2.3 三板四带式

三板四带式是指利用两条分隔带把车行道分成三块，中间为机动车道，两侧为非机动车道，分隔带连同车道两侧的行道树共为四条绿带。这种形式虽然占地面积较大，但其绿化量大，夏季蔽荫效果好，组织交通方便且安全可靠，解决了各种车辆互相干扰的矛盾（图 4-3）。

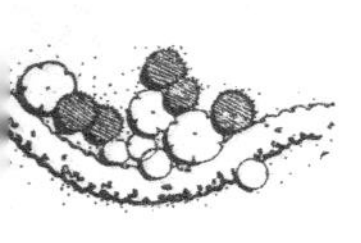

图 4-2　二板三带式道路的绿化方式

图 4-3　三板四带式道路的绿化方式

4.1.2.4　四板五带式

四板五带式是利用三条分隔带将车道分为四条，从而规划出五条绿化带，以便各种车辆上行、下行互不干扰，有利于限定车速和交通安全（图 4-4）。如果道路宽度所限不能布置五带，则可用栏杆代替绿化带进行分隔以节约用地。

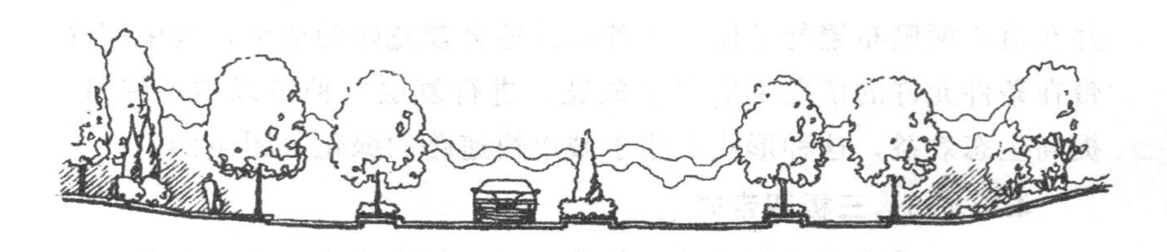

图 4-4　四板五带式道路的绿化方式

4.1.2.5　其他形式

城市道路还有其他多种形式，植物配置应按道路所处地理位置、环境条件特点，因地制宜地设置绿带，并注重与山坡、水道的

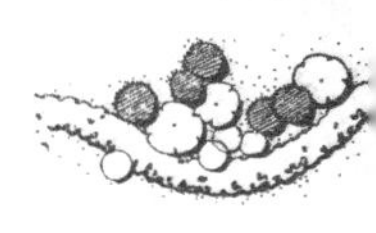

绿化设计相结合。

4.2 城市道路绿化植物配置

城市道路分为一般城市干道以及居住区、公园绿地和附属单位等各种类型绿地中的道路、景观游憩型干道、防护型干道、高速公路、高架道路等类型。道路绿地具有优化交通、组织街景、改善小气候的三大功能，并以丰富的景观效果、多样的绿地形式和多变的季相色彩影响着城市景观空间品质。各种类型城市道路的植物景观设计都应该在遵循生态学原理的基础上，根据美学特征和人的行为游憩学原理来进行植物配置，以体现各自的特色。

4.2.1 城市主干道植物配置

主干道是城市道路网的主体，贯穿于整个城市，主干道植物配置要考虑空间层次及色彩搭配，体现城市道路绿化特色。同一路段上如分布多条绿带，各绿带的植物配置要相互配合，使道路绿化层次丰富、景观多变，并能较好地发挥绿化的隔离防护作用。分车绿带的植物配置应形式简洁，树形整齐（图 4-5）。

图 4-5 城市主干道植物配置剖面效果

城市干道上一般要栽植行道树，为行人及车辆遮阴及划分空间层次、美化街景。种植行道树时，应充分考虑株距与定干高度，配置时常采取以下形式。

（1）树带式　在交通及人流不大的路段的人行道和车行道之

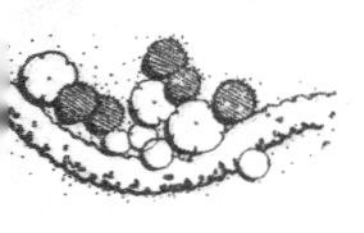

间，常留出一条宽度不小于1.5米的种植带，植一行、两行或多行大乔木和树篱，如宽度适宜，则可在绿化带中留出铺装过道，以便行人行走或汽车停靠。

（2）树池式　在交通量较大、行人多而人行道又狭窄的路段，可以设计正方形、长方形或圆形空地，种植花草树木，形成池式绿地。行道树的栽植点位于几何形的中心，池边缘高出人行道8～10厘米，避免行人践踏。如果树池略低于路面，应加与路面同高的池篦，这样可增加人行道的宽度，又能避免践踏，同时还可使雨水渗入池内；池篦可用铸铁或钢筋混凝土做成，设计时应简单大方。

4.2.2　景观游憩型干道植物配置

在繁忙的道路两侧设置自然式的园林道路（即林荫路，是具有一定宽度又与街道平行的带状绿地，其作用与街头绿地相似，有时可起到小游园的作用），尤其是居民分布相对较密集的一侧设林荫路，既可方便居民自由出入、散步休息，又可以有效防止和减少车辆废气、噪声对居民的危害（图4-6）。

图4-6　景观游憩型干道植物配置透视效果

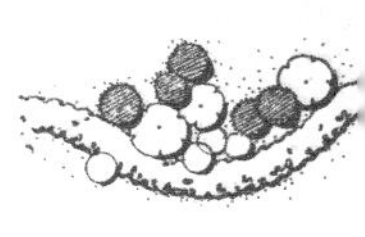

4.2.3 防护型干道的植物配置

绿化设计应选择抗污染、滞尘、吸收噪声的植物（如雪松、圆柏、桂花、夹竹桃等）。采用由乔木群落向小乔木群落、灌木群落、草坪过渡的形式，形成立体绿化层次，从而起到良好的防护作用和景观效果（图 4-7）。

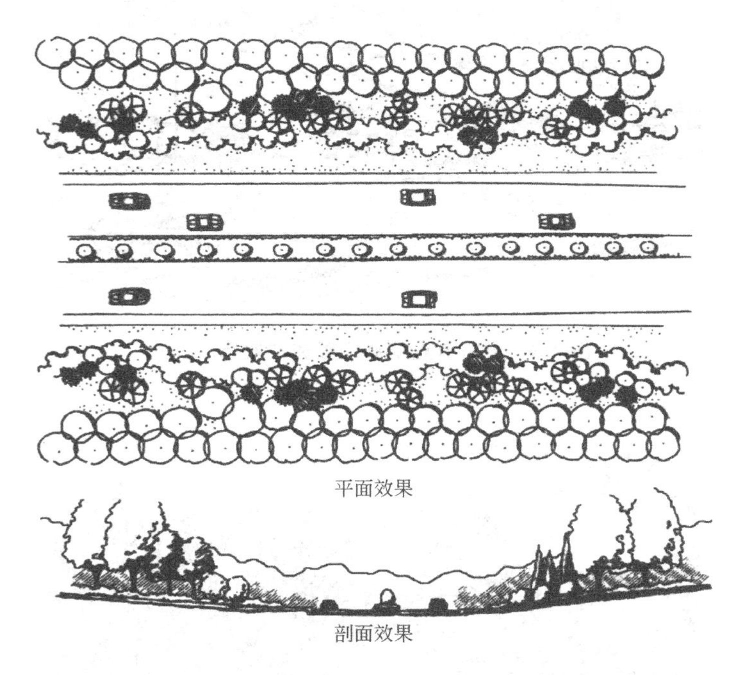

图 4-7 防护型干道植物配置平面及剖面效果

4.2.4 道路节点的植物配置

道路节点在城市道路绿化中具有重要意义，是以组织交通空间为特征的环境艺术。其植物配置要充分考虑景观多样性、环境保护价值、保健休养价值、游览价值、文化娱乐价值、美学价值、社会

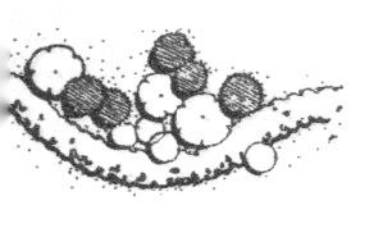

公益价值以及经济价值等。道路节点的植物配置一要注意布局合理；二要具备观赏特色；三要体现其功能性；四要发挥高效的生态环境效益（图 4-8、图 4-9）。

图 4-8 道路节点植物配置透视效果（一）

图 4-9 道路节点植物配置透视效果（二）

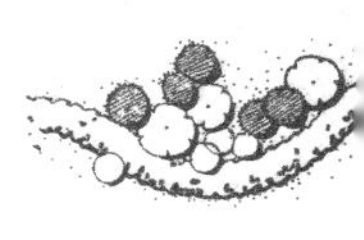

4.3 园林道路的植物配置

园林道路是公园绿地的骨架，具有组织游览路线、连接不同景观区等重要功能。植物配置无论从种类的选择上还是搭配形式上（包括色彩、层次高低、大小面积比例等），都比城市道路更加丰富多样和自由生动。

4.3.1 园林道路植物配置的基本要求

园林道路植物配置要注意创造不同的园路景观，如山道、竹径、花径、野趣之路等。在自然式园路中，要打破一般行道树的栽植格局，两侧可栽植不同树种，但必须取得均衡的效果。株行距应与路旁景物结合灵活多变，留出透景线，创造出“步移景异”的效果（图4-10）。

图4-10 园林道路植物配置剖面效果

路口可种植色彩鲜明的孤植树或树丛，起到对景、标志或导游的作用。次要园路或小路的路面可应用草坪砖的形式，来丰富园路景观。规则式的园路也可用2～3种乔木或灌木相间搭配，形成起伏的节奏感。

4.3.2 不同形式园林道路的植物配置

园林道路分为主路、次路和小路，对于不同的园路类型，其植物配置方式也不一样。

4.3.2.1 主路植物配置

主路绿化常代表绿地的形象和风格，植物配置应引人入胜，形成与其定位一致的气势和氛围，通常还具有消防或运输车辆通行要求，因此，还要注意两侧的乔木及灌木栽植不能影响车辆的使用功能要求。例如，在入口的主路上，定距种植较大规格的高大乔木（如悬铃木、香樟、杜英等），而在树下种植杜鹃、大叶黄杨、龙柏等整形灌木，景观特征鲜明，节奏明快且富有韵律（图 4-11）。

图 4-11　主路植物配置透视效果

4.3.2.2　次路植物配置

次路是园中各区内的主要道路，一般宽 2～3 米。植物配置应注意沿路视觉上要有疏有密、有高有低、有遮有敞。两侧可根据景观需要布置草坪、花丛、灌丛、树丛、孤植树等，使游人散步时有多种形式的体验（图 4-12、图 4-13）。

4.3.2.3　小路植物配置

小路主要是为游人在宁静的休息区中漫步而设置的，一般宽仅 1～1.5 米，此外各种汀步也是小路的一种具体形式。小路通常通过密集的种植与喧嚣的主路或活动场分隔，其形式常蜿蜒曲折，植物配置应以自然式为宜（图 4-14）。竹径通幽是中国传统园林中经常应用的造景手法，四季常绿的竹子生长迅速、适应性强、清秀挺拔、具有文化内涵，在现代绿地景观设计中仍然得到广泛应用（图 4-15）。

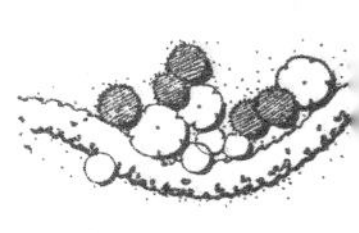

图 4-12　次路植物配置透视效果（一）

图 4-13　次路植物配置透视效果（二）

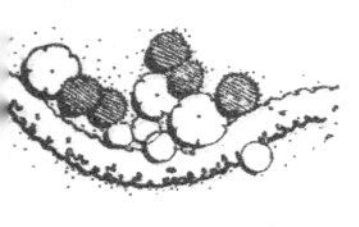

图 4-14　山坡小路的植物配置剖面效果

图 4-15　小路植物配置透视效果

第5章 滨水景观绿地植物配置及其造景

水景是园林艺术中不可缺少的、最富魅力的一种园林要素。古人称水为园林中“血液”、“灵魂”。古今中外的园林，对于水体的运用非常重视。在各种风格的园林中，水体均有不可替代的作用。早在三千多年前的周代，水体就成为我国游乐的内容，在中国传统园林中，几乎是“无园不水”。有了水，园林就更添生机，也更增加波光粼粼、水影摇曳的形声之美。所以，在园林规划建设中，重视对水体的造景作用、处理好园林植物与水体的景观关系，不但可以营造引人入胜的景观，而且能够体现出真善美的风姿。

水体在风景园林诸要素中，以山、石与水的关系最密切。中国传统园林的基本形式就是山水园。“一池三山”、“山水相依”等都成为中国山水园的基本规律。大到颐和园的昆明湖，以万寿山相依，小到“一勺之园”，也必有岩石相衬托，所谓“清泉石上流”也是由于山水相依而成名的。所以，古人论风景必曰山水，李清照称：“水光山色与人亲”。

园林水体可赏、可游、可乐。大水体有助空气流通，即使是一斗碧水映着蓝天，也可使人的视线无限延伸，在感观上扩大了空间。园林中各类水体，无论其在园林中是主景、配景，无一不借助植物来丰富景观。水中、水旁园林植物的姿态、色彩，所形成的倒影，均加强了水体的美感。先贤们将水的本性以拟人化的手法评价归结为德、仁、义、智、勇、善、正的品德。孔子认为水无私给予万物，“似德”；所到之处有生命成长，“似仁”；下流曲折而循其理，“似义”；浅者流行，深者不测，“似智”；赴百仞之谷不疑，

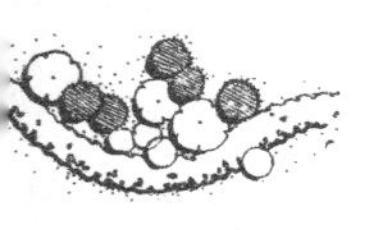

“似勇”；其万折必东“似意”。同时，水能“不清以人，鲜洁以出”，洗净污浊，与人为善；水至量必平，最“公正”。因此，在园林景观设计中，重视水体的造景作用、处理好园林植物与水体的景观关系，可以营造出引人入胜的园林景观（图 5-1）。

图 5-1　某居住区滨水植物配置透视效果

5.1　滨水绿地植物配置原则和方式

5.1.1　城市滨水绿地概念

城市滨水绿地是指在城市规划用地区域内，与水域（河、湖、海等）相接的一定范围内的城市公共绿地。具有其他环境所无法比拟的亲水性和快适性。它包含三个方面的内容。

（1）它是一个城市公共绿地范畴，具有公共绿地的形态特征（如开放性、系统性、生态性）。

（2）它是属于城市滨水区的范畴，是城市范围内水域（河、湖、海等）与陆地（主要是绿地）相接的一定范围内的水域。

（3）它是属于城市公共空间的范畴，这意味着它受城市多种因

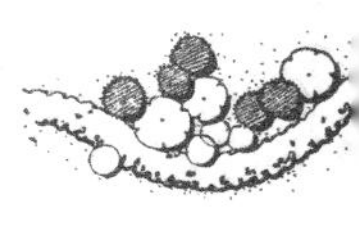

素的制约，要承载城市活动、执行城市功能、体现城市形象、反映城市问题等。

城市滨水绿地是构成城市公共开放空间的重要组成部分，并且是城市公共开放空间中兼具自然地景和人工景观的区域，水体和绿化的存在尤其显得独特和重要之处。在生态层面上，城市滨水绿地的自然因素使得人和环境之间达到和谐、平衡的发展，作为城市生态走廊是构筑城市人工生态系统的重要部分；从经济层面上，城市滨水绿地具有高品质的游憩、旅游资源和潜质，对周边商业开发具有重要的连带价值；在社会层面上，城市滨水绿地提高了城市可居性，以水域为焦点，往往构成了城市最具活力的开放性空间。

5.1.2 滨水绿地植物配置的原则和方式

园林植物的配置千变万化，不同地区、不同地点出于不同的目的、要求，可以有多种多样的组合与种植方式；同时，由于植物也是有机生命体，在不断地生长变化，所以能产生各种各样的效果。

首先，由于植物是具有生命的有机体，它有自己的生长发育特征；同时又与其所处的生态环境之间有着密切的生态关系，所以在进行配置时，应以其自身的特性及其生态关系作为基础来考虑。

其次，明确植物配置的功能。在进行绿化建设时，需要明确种植的目的性。公园内的滨水绿地是为了满足观赏目的，居住区的滨水绿地功能是为了改善生态和满足观赏，而河道的滨水绿地功能除满足防护外，部分也可满足游玩休闲。

第三，在重视植物习性的基础上，应进行创造性的思考，尽量采用与众不同但又能满足习性、功能的树种，创造独特、新颖的景观。

第四，在满足主要目的的前提下，考虑配置效果的发展性和变动性，考虑取得长期稳定效果的方案。

第五，在达到同一目的的前提下，应考虑应以最经济的手段获得最大的效果。滨水绿地的植物配置方式多种多样，按配置风格，

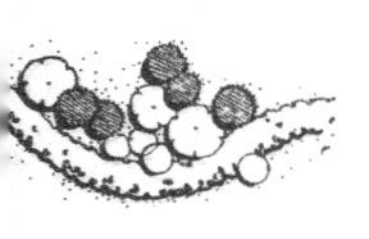

一般可分为规则式种植、自然式种植和混合式种植；按配置的形式分，可归纳为孤植、对植、丛植、群植、散植、列植等形式。

5.2 水与园林植物的景观关系

5.2.1 水对于景观的意义

水是构成景观、增添园林魅力的重要因素，古今许多园林景观的设计与营造，都借助于自然或人工的水景，来提高园景的档次和增添实用功能。水体可以使人的视线无限延伸，在感观上扩大景观空间。不同的水体构筑物可以产生不同的水态：以水环绕建筑物可产生“流水周于舍下”的水乡情趣；亭、榭等浮于水面，宛如仙境一般（图 5-2）；建筑小品、雕塑立于水中，便可移情寄性；水在流动中与山石、河岸、塘堤等摩擦发出的水声增添了天然韵律与节奏，“山石有清音”是水引起的悦耳美感，“惊涛拍岸，卷起千堆雪”则具有磅礴的气势。水声，增添了天然韵律和节奏，显示空间的乐感美。总之，水是构成园林景观、增添园林美景的重要因素。

图 5-2　水与园林植物配置透视效果

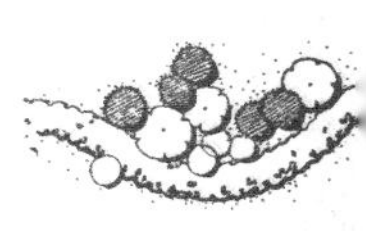

5.2.2 滨水植物的类型

由于长期生活在不同水分条件的环境中，植物形成了对水分需求关系的不同生态习性和适应性。根据植物与水分的关系，可把植物分为水生、湿生（沼生）、中生、旱生等生态类型，它们在外部形态、内部组织结构以及抗旱、抗涝能力上都是不同的。在园林应用方面，水景植物根据其生理特性和观赏习性可以分为水边植物、驳岸植物、水面植物三大类型，在不同的地域和气候下，各类型植物的种类又各不相同，通过这三种植物的综合应用，能够形成特色鲜明的水岸植物景观（图 5-3）。

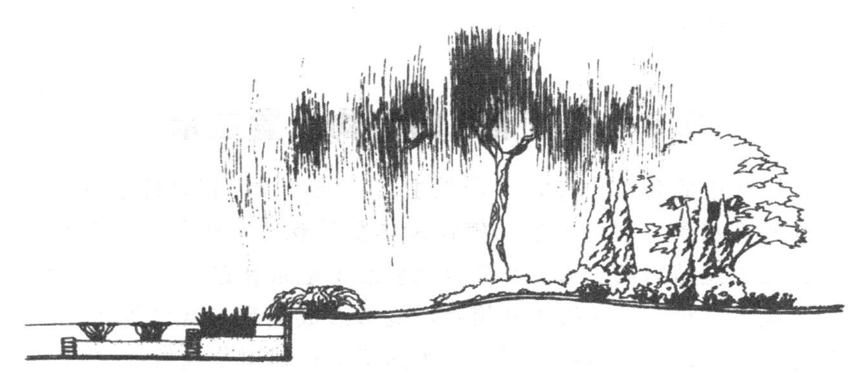

图 5-3 植物配置剖面效果

（1）水边植物 水边植物的作用，主要在于丰富岸边景观视线，增加水面层次，突出自然野趣。北方常植垂柳于水边，或配以碧桃樱花，或栽植成丛月季、蔷薇等，春花秋叶，韵味无穷。可用于北方水边栽植的还有旱柳、枫杨、棣棠以及一些枝干变化多端的松柏类树木等；南方水边植物的种类则更加丰富，如水杉、蒲桃、榕树类、羊蹄甲类、木麻黄、椰子、落羽松、乌桕等。

（2）驳岸植物 园林水体驳岸的处理形式多种多样，植物的种植模式也有很多种。在驳岸植物的选择上，除了通过迎春、垂柳、连翘等柔长纤细的枝条来弱化工程驳岸的生硬线条外，还可在岸边

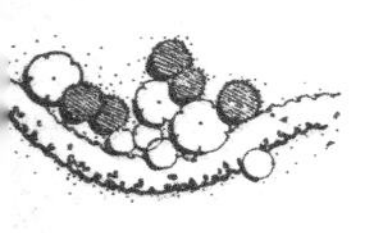

栽植其他花灌木、地被、宿根花卉及水生花卉（如鸢尾、菖蒲等）来丰富滨水植物景观。另外，许多藤本植物（如地锦、凌霄、炮仗花等）都是很好的驳岸绿化材料。

（3）水面植物　水面植物是园林水体绿化中不可缺少的一种植物材料，其种类繁多，可细分为挺水植物、浮水植物、沉水植物等。水面植物的栽植不宜过密和拥挤，而且要与水面的功能分区相结合，在有限的空间中留出充足的开阔水面用来展现倒影以及水中游鱼。南北水面植物常用的种类差别不是很大，基本上是荷花、睡莲、萍蓬、菖蒲、鸢尾、芦苇、千屈菜等种类。漂浮在水面和沉入水中的则以水藻类植物为主，如金鱼藻、狸藻、狐尾藻、欧菱、水马齿、水藓等。

5.3　水生景观的植物配置艺术

园林中的各类水体，无论是主景、配景，不管是静态水景，或是动态水景，都需要借助植物来丰富景观。水体的植物配置，主要是通过植物的色彩、线条以及姿态来组景和造景，平面的水通过配置各种树形及线条的植物，能够形成具有丰富线条感的立体构图。利用水边植物可以增加水的层次；利用蔓生植物可以掩盖生硬的石岸线，增添野趣；植物的树干还可以用作框架，以近处的水面为底色，以远处的景色为画，组成自然优美的框景画。透明的水色是各种园林景观天然的底色，而水的倒影又为这些景观呈现出另一番情趣，情景交融，相映成趣，组成了一幅幅生动的画面（图 5-4）。

水边植物配置应该特别讲究艺术构图，例如水边栽植垂柳，会造成柔条拂水的画面；在水边种植落羽松、池松、水杉及具有下垂气根的小叶榕等，均能起到以植物线条丰富水边景观构图的作用。还可应用特殊姿态的植物使其美丽的枝、干探向水面，尤其是似倒未倒的水边大乔木，来增加水面层次和动态的野趣感觉（图 5-5）。

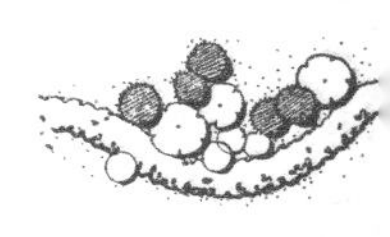

图 5-4　滨水植物配置透视效果

图 5-5　水边植物配置透视效果

驳岸绿化是滨水植物配置的重要内容，对于不同的滨水植物景观品质具有决定性的作用。驳岸分土岸、石岸、混凝土岸等，驳岸植物配置原则是既要使岸和水融成一体，又要对水面的空间景观起主导作用。石岸线条生硬、枯燥，植物配置原则是有遮有露，岸边经常配置垂柳和迎春等植物，让细长柔和的枝条下垂至水面以遮挡石岸。同时配以花灌木和藤本植物（如鸢尾、黄菖蒲、地锦等）进

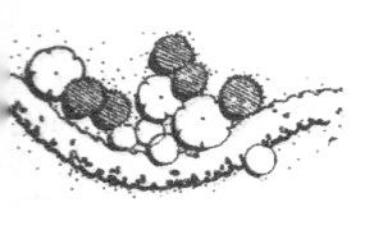

行局部遮挡，增加活泼气氛（图 5-6）。土岸通常由池岸向池中做成斜坡，如果是草坡的话则一直延伸入水，水中种植水菖蒲、芦苇、慈姑、凤眼莲等植物，岸边植物配置应结合地形、道路、岸线布局，做到远近相宜、疏密有致、断续相接、弯曲多变、自然有趣（图 5-7）。

图 5-6　石驳岸植物配置透视效果

图 5-7　土驳岸植物配置透视效果

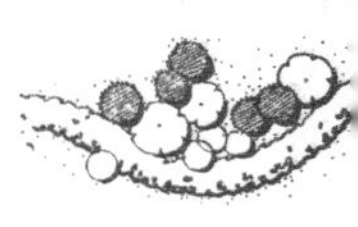

园林中有不同类型的水体（如湖、池、溪涧与峡等），不同水体的水深、面积及形状不一样，景观设计要根据水体生态环境和造景要求，选择相应的植物配置方式。

5.3.1 湖区的植物配置

湖是园林中最常见的水体景观。沿湖景点要突出季节景观并注意色叶树种的应用，以丰富水景效果。湖边植物宜选用耐水喜湿、姿态优美、色泽鲜明的乔木和灌木，或构成主景，或同花草、湖石结合装饰驳岸。湖边植物如选择姿态别致，特别是枝干能够向水面倾斜的种类，则使湖边景观更具特色（图 5-8）。

图 5-8　水边植物配置透视效果

湖水水面景观通常低于人的视线，植物造景与水边景观及其形成的水中倒影相结合，就能成为园林中最引人注目的景观焦点。水面植物配置常用荷花体现“接天莲叶无穷碧，映日荷花别样红”的意境。假如岸边有亭、台、楼、阁等园林建筑，或水边植物树姿优美、色彩艳丽，则水中植物配置切忌拥塞，要留出足够空旷的水面来展示美丽的倒影（图 5-9）。

图 5-9　湖边植物配置透视效果

5.3.2　水池的植物配置

在较小的园林中，水体的形式常以水池为主，水池的形式分为规则式和自由式，应根据其形式进行针对性的植物配置。水池的设置不仅能够提高景观的品质，而且是在相对局限的区域营造开敞空间的有效措施，为了获得小中见大的效果，可利用植物来分割水面空间，以增加景观层次，同时也可创造活泼、宁静的景观效果（图 5-10～图 5-12）。

近年来，随着园林事业的发展和人们审美情趣的提高，小型水景园也得到了较为广泛的应用，例如在公园局部景点、居住区花园、街头绿地、大型宾馆的花园、屋顶花园、展览温室内都有很多的实用实例。水景园的植物配置应根据不同的主题和形式仔细推敲，精心塑造优雅美丽的特色景观（图 5-13、图 5-14）。

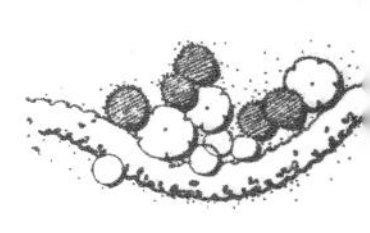

图 5-10 规则式水池植物配置透视效果

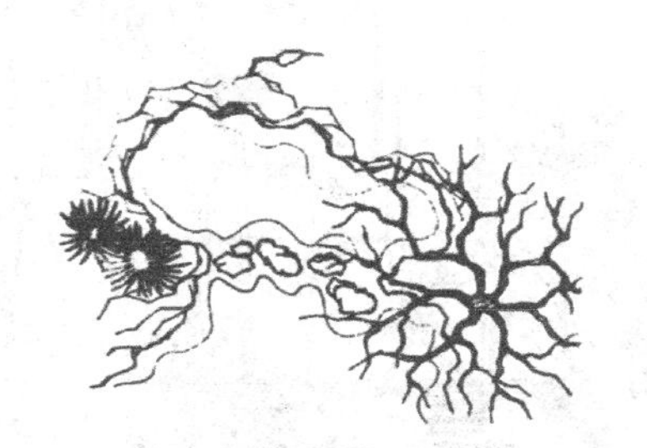

图 5-11 自由式水池植物配置平面布置

图 5-12 自由式水池植物配置透视效果

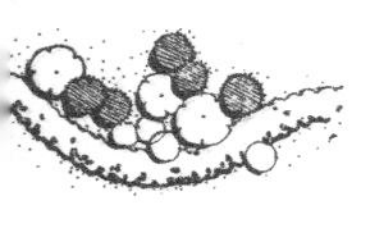

图 5-13　小型水景园植物配置透视效果

图 5-14　小型水池植物配置透视效果

5.3.3　溪涧与峡谷的植物配置

《画论》中说："峪中水曰溪，山夹水曰涧。"自然界这种景观非常丰富，溪涧中流水淙淙，山石高低形成不同落差，并冲出深浅、大小各异的水池，造成各种动听的水声效果。由此可见，溪涧与峡谷最能体现山林野趣。植物配置应因形就势，溪流的植物配置应顺

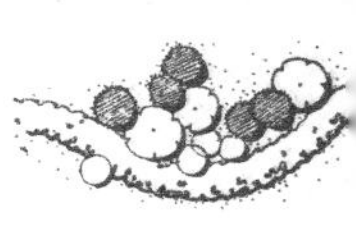

应溪流的走向，以增强曲折多变的空间变化。具体配置可应用高大落叶乔木进行疏密有致的栽植以塑造幽静的空间氛围，溪边结合栽植多种水生灌木及草本植物增强野趣（图 5-15、图 5-16）。在城市园

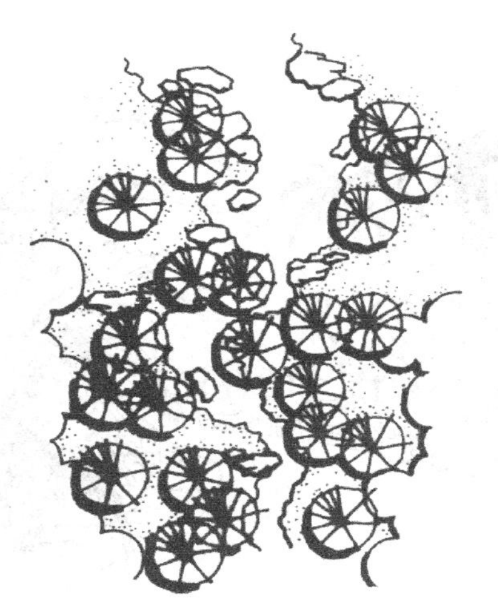

图 5-15　溪流植物配置平面布置

图 5-16　溪流植物配置透视效果

林中溪流有时也表现为水渠的形式，水渠的驳岸较为生硬，植物配置应注重打破其单调的景观效果（图 5-17）。山涧及峡谷一般只存在于自然山林中，种植规划及改造需重点强调其幽深感觉（图 5-18）。

图 5-17　水渠植物配置透视效果

图 5-18　山涧峡谷植物配置透视效果

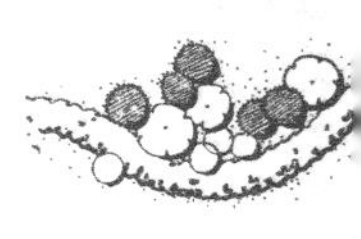

5.3.4　喷泉及叠水的植物配置

喷泉与叠水景观效果比较精致，在园林中往往处于焦点的地位。喷泉及叠水的形式多种多样，其植物配置的意义更多在于如何突出和强化喷泉和叠水的景观效果，因此植物配置强调背景或框景，配置方式应简洁、色彩宜相对素雅（图 5-19～图 5-23）。

图 5-19　植物与喷泉配置透视效果

图 5-20　植物与叠水配置平面布置（一）

图 5-21　植物与叠水配置透视效果（一）

图 5-22　植物与叠水配置平面布置（二）

图 5-23　植物与叠水配置透视效果（二）

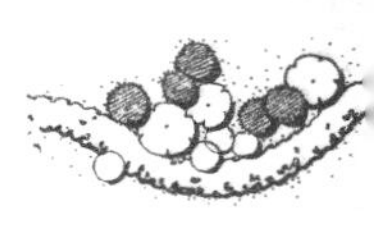

5.3.5 堤、岛的植物配置

在水体中设置堤、岛，是划分水面空间的主要手段。堤、岛的植物配置不仅增添了水面空间的层次，而且丰富了水面空间的色彩，倒影则成为主要景观亮点。岛的大小各异，植物配置可以柳为主，间植侧柏、合欢、紫藤、紫薇等乔灌木，疏密有致，高低有序，增加了层次感且具有良好的分隔空间功能（图 5-24）。

图 5-24 岛屿植物配置透视效果

5.3.6 湿地景观的植物配置

湿地是地球上重要的生态系统，具有涵养水源、净化水质、调蓄洪水、美化环境、调节气候等生态功能，是全世界范围内一种亟待保护的自然资源。《湿地公约》将其定义为："不问其为天然或人工、长久或暂时之沼泽地、泥炭地或水域地带，带有或静止、或流动、或为淡水、或为半咸水、或为咸水体者，包括低潮时水深不超过 6 米的水域。"同时又规定，"湿地可包括邻接湿地的河湖沿岸、沿海区域以及湿地范围的岛屿"。

在湿地植物配置中，要注意传承古老的水乡文化，保持低洼地

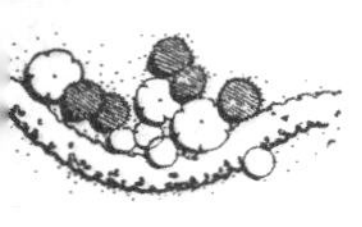

形、保护原有植被、保留生态池塘。在湿地的周边区域可有效地利用片植、群植、孤植和混交等手法，实现乔木、灌木、草本、藤本的植物多样性，营造良好的绿化氛围并发挥最大的生态效益，而在低洼的湿地区，则注重特色湿地景观的营造，形成或芦苇丛生或荷塘千顷的别致景观（图 5-25、图 5-26）。

图 5-25　湿地植物配置平面布置

图 5-26　湿地植物配置透视效果

第 6 章　植物与小品配置及其造景

园林植物是园林四大要素之一，也是园林造景最基本的要素，没有园林植物园林景观就失去了生命力，园林植物除有净化空气、降低噪声、减少水土流失，改善环境、气候和防风、庇荫的基本功能外，在园林空间的意识表现中还具有明显的景观特色，自然植物的花开花落来感受季节的变换和自然的神奇和魅力，是自然风景的再现和空间艺术的展示。合理的植物配置能够创造适合与人类生存与发展的生态环境。

园林小品是各类绿地中为人们提供服务功能、丰富景观效果或方便绿化管理的，用作装饰、展示、照明、休息等的小型设施。它不像园林四大要素那样在园林景观中扮演着主角，但随着社会的进步，园林小品在现代园林中的应用日渐广泛，园林小品的重要作用主要体现在它在园林中可观可赏，又可组景，即园林小品起着分隔空间与联系空间的作用，使步移景异的空间增添了变化和明确的标志；最重要的是园林小品可渲染气氛，合理地将园林小品与周围环境结合产生不同的效果，使环境宜人而更具感染力。

园林小品的设计丰富多彩，独具匠心的造型美轮美奂，园林植物是鲜活的，它赋予了园林小品以生命，可以有四季不同的优美景观。园林小品与园林植物的完美结合体现了园林中自然美与建筑美的完美结合，使园林景观更加和谐优美，大大提高了园林景观的艺术性和蕴涵。

中国古典园林是伟大的，她堪称世界园林之母，在古典园林中

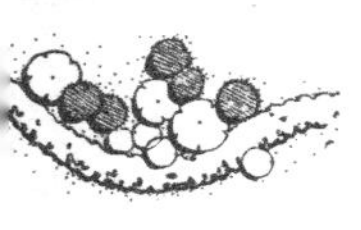

园林小品的创作达到极高的艺术境界，园林小品与园林植物的结合营造出不同的意境，使景观更富有了诗情画意的情调。中国园林受到文革的巨大影响，也逐步从古典园林发展到中国现代园林的雏形，中国园林也不断地融入西方园林的元素，而园林小品更加丰富多彩，园林小品与园林植物的结合造景更灵活。

园林小品的特征是体量较小、造型丰富、功能多样、富有特色，在园林中分类大致可以分为三种：园林建筑类小品、园林雕塑小品、园林孤赏石小品。

（1）园林建筑类小品　园林建筑类小品是指在园林中供休息、装饰、照明、展示和为园林管理及方便游人使用的小型建筑设施。一般没有内部空间，体量小巧，造型别致，富有特色，并讲究适得其所。这种建筑小品设置在城市街头、广场、绿地等室外环境中便称为城市建筑小品。园林建筑小品在园林中既能美化环境，丰富园趣，为游人提供文化休息和公共活动的方便，又能使游人从中获得美的感受和良好的教益。园林建筑小品按其功能分为以下五类。

① 供休息的小品　包括各种造型的靠背园椅、凳、桌和遮阳的伞、罩等。常结合环境，用自然块石或用混凝土做成仿石、仿树墩的凳、桌；或利用花坛、花台边缘的矮墙和地下通气孔道来做椅、凳等；围绕大树基部设椅、凳，既可休息，又能纳凉。

② 装饰性小品　各种固定的和可移动的花钵、饰瓶，可以经常更换花卉。装饰性的日晷、香炉、水缸，各种景墙（如九龙壁）、景窗等，在园林中起点缀作用。

③ 结合照明的小品　园灯的基座、灯柱、灯头、灯具都有很强的装饰作用。草坪灯、地灯、园林道路照明灯等采用各种各样的造型，现在在园林中比较常见的是把灯柱设计成树的形态，复古式的园林灯应用别致的灯座和灯柱在城市园林应用得也比较多。

④ 展示性小品　各种布告板、导游图板、指路标牌以及动物

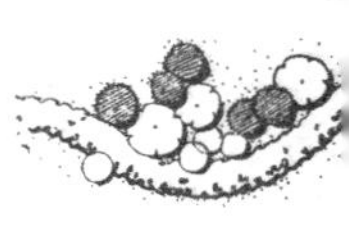

园、植物园和文物古建筑的说明牌、阅报栏、图片画廊等，都对游人有宣传、教育的作用。

⑤ 服务性小品 如为游人服务的饮水泉、洗手池、公用电话亭、时钟塔等；为保护园林设施的栏杆、格子垣、花坛绿地的边缘装饰等；为保持环境卫生的废物箱等。

（2）园林雕塑小品 雕塑泛指带有塑造、雕琢的物体形象，并具有一定的三度空间和可观性。从类型上分为圆雕和浮雕两大类。园林雕塑小品主要是指带观赏性的户外小品雕塑。雕塑是一种具有强烈感染力的造型艺术，园林小品雕塑来源于生活，往往却给人以比生活本身更完美的欣赏和玩味，它美化人们的心灵，陶冶人们的情操，赋予园林鲜明而生动的主题、独特的精神内涵和艺术魅力。《西洋美术史》上这样认为：当我们想起过去的伟大文明时，我们有一种习惯，就是应用看得见、有纪念性的建筑作为每个文明独特的象征。园林石雕是凝固的音乐他有强烈的暗示作用，对社会心理的作用非常大，它能表现中华民族的风貌。

历来在造园艺术中，不论中外几乎都成功地融合了雕塑艺术的成就。在我国传统园林中，尽管那些石鱼、石龟、铜牛、铜鹤的配置会受到迷信色彩的渲染，但大多具有鉴赏价值，有助于提高园林环境的艺术趣味。在国外的古典园林中几乎无一不有雕塑，尽管配置得比较庄重、严谨，但其园林艺术情调却是十分浓郁。

在现代园林中利用雕塑艺术手段以充实造园意境日益为造园家所采用。雕塑小品的题材不拘一格，形体可大可小，刻画的形象可自然可抽象，表达主题可严肃可浪漫，根据园林造景的性质、环境和条件而定。常见的园林雕塑有以下四类。

① 人物雕塑 人物雕塑一般是以一些纪念性人物和情趣性人物为题材。人物雕塑一般都具有历史意义或生动的形象，它既使环境有鲜明的主题又为环境增添了活力。

② 动物雕塑 人与动物始终都存在着多方面的情感，艺术家

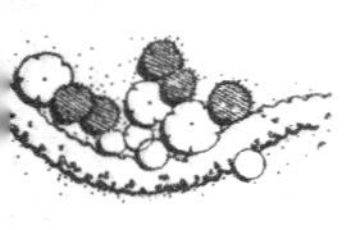

由此创作出许多动物形象。如象征纯洁爱情的白天鹅、善良可爱的梅花鹿、聪明活泼的海狮都是人们喜爱的塑造题材。由此可见，动物雕塑使环境更祥和、自然、生动，丰富了园林的艺术趣味性。

③ 抽象性雕塑　抽象性雕塑含意深奥、费解，游人乐于边欣赏边玩味，而标题性可以循题追思不无逸趣。至于非标题性的雕塑，能做到“什么都不像”才是抽象的真谛。

④ 冰雕雪塑　由于其材料的特殊性，冰雕雪塑受地域性和环境性的限制。在东北、新疆一带已成为冬季园林的一大特色。一座座晶莹剔透的冰雪雕塑如碧似玉，巧夺天工。

（3）园林孤赏石小品　我国园林历来将石作为一种重要的造景材料，其造型千姿百态，寓意隽永，令人叹为观止。中国人欣赏“石”，非一般之石，不但要怪，还要丑。如刘熙在《艺概》中说：“怪石以丑为美，丑到极处，便是美到极处，丑字中丘壑未尽言”。所谓石之丑，非内容之恶，而是突破形式美的规律，真实朴素自然，真所谓丑中见雅、丑中见秀、丑中见雄，脱俗方见不凡，这就是大丑中见大美的辨证关系。中国人欣赏石，比西方人欣赏抽象雕塑具有更丰富的内涵，不在石的形似而在神似，欣赏它们千姿百态的意趣美。所谓“园可无山，不可无石”，因此在园林环境中，石的艺术地位是显而易见、不可估量的。

由此可见，园林小品在园林环境中以其装饰性和趣味性很强的造型来表达其生命的活力、青春的美妙、爱的高尚等，它强烈的生活气息激发着人们对美好生活的热爱和对未来的向往。

事实上，园林小品无法进行严格意义上的明确分类，很多园林小品同时具有多方面的作用。如服务、展示和照明小品等本身要求造型别致，具有装饰景观空间的作用；而装饰小品中的喷泉池壁、花池池壁等可以作为座椅来提供服务功能，景墙等也可结合文字、标志等发挥展示作用；服务小品、装饰小品、展示小品等结合灯具布置会具备一定的照明功能。

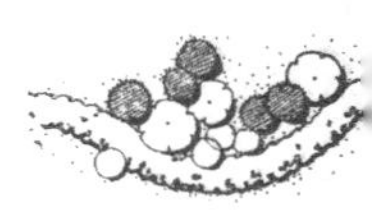

园林小品大多体量小巧，造型新颖，富有时代特色和地方色彩，是城市环境中不可缺少的组成要素。它们既可以作为园林中局部主体景物，具有相对独立的意境，表达一定的思想内涵，能产生特定的感染力，又可以作为配景或必要的配套设施来发挥作用。因此，它们的设计既有园林建筑技术及其他相关实用性的要求，又有造型艺术和空间组合上的美感要求。

园林小品通常也需要与其他景观要素，特别是与植物之间的综合设计才能更好地发挥作用。在进行园林小品的植物配置设计时，首先应考虑符合其实用功能及技术上的要求；其次就是通过植物景观加强感染力，强调对主体园林小品的衬托，赋予地方特色、园林特色及单体的工艺特色；再者就是应将园林小品完美地融入周围环境，不会形成喧宾夺主或格格不入的感觉（图 6-1、图 6-2）。例如，园林中经常在树根造型的园凳周围配置相似树根的乔木，则坐凳似在一片林木中自然形成的断根树桩，可达到以假乱真的程度，是植物与园林小品配置的鲜活实例。

图 6-1 园林小品与植物配置透视效果（一）

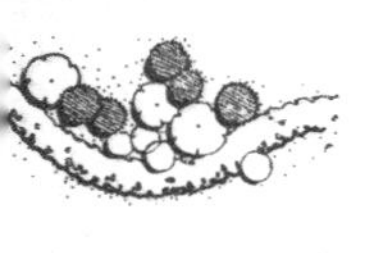

图 6-2　园林小品与植物配置透视效果（二）

6.1　植物配置对于园林小品的意义

园林小品与植物如果能够科学配置，不仅可以获得和谐优美的景观场景，还可以突出小品单体达不到的功能效果。园林植物配置一是通过选择合适的物种和配置方式来突出或烘托小品的主旨和精神内涵；二是用植物来缓和或消除园林小品因造型、尺度、色彩等方面与周围绿地环境不相称的矛盾。园林植物配置对于景观小品的作用主要有以下几个方面。

6.1.1　植物配置突出园林小品的主题

在园林绿地中，许多小品都是具备特定文化和精神内涵的功能实体，通过合理的植物配置，能够进一步丰富或明确表达其内在的含义。例如，装饰性小品中的雕塑、景墙、特色铺地等，在适宜的环境背景下会表达特殊的作用和意义，通过植物与其进行相得益彰的配置，加强其所表达的主题，意境就会更加丰富（图 6-3）。

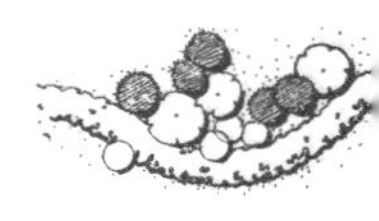

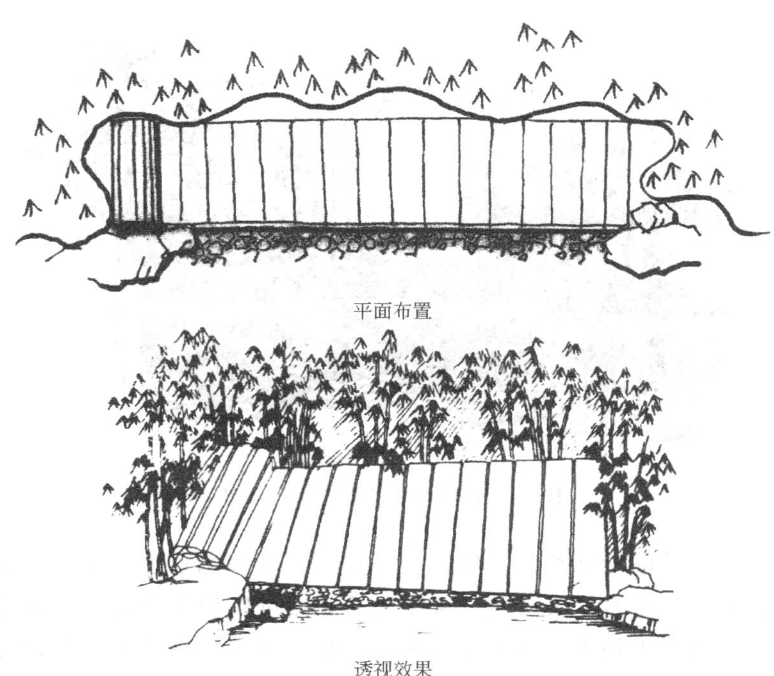

图 6-3 园林小品植物配置平面布置与透视效果

6.1.2 植物配置协调景观小品与周边环境的关系

景观小品因造型、尺度、色彩等原因与周围绿地环境不相称时，可以用植物来缓和或者消除这种矛盾。植物配置不仅可以解决客观存在的问题，而且也可以使景观小品与环境更加和谐、优美（图 6-4）。另外，对于有些功能性的设施小品（如垃圾桶、厕所等）来说，假如设置的位置不合适，影响到周边景观效果，也需要借助植物配置来处理和改善。

6.1.3 植物配置丰富园林小品的艺术构图

一般来说，景观小品特别是体量较大的休息亭、长方形的坐

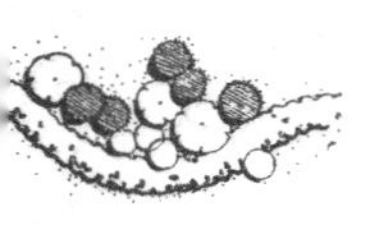

图 6-4　植物与雕塑配置透视效果

凳、景墙等的轮廓线都比较生硬、平直，而植物优美的姿态、柔和的枝叶、丰富的天然色、多变的季相则可以软化景观小品的边界，丰富艺术构图，增添其自然美，从而使整体环境显得和谐有序、动静皆宜（图 6-5）。特别是部分景观小品的角隅，通过植物配置进行缓和柔化最为有效，宜选择观花、观叶、观果类的灌木、地被和草本植物成丛种植，也可以设计微地形并在高处种植几株浓荫乔木，与景观小品共同组成相对稳定、持久的园林景观。

另外，许多景观小品颜色为浅色或灰色系列，如以绿色、彩色叶或具有各种花色和季相变化的植物和景观小品相结合，可以弥补它们单调的色彩，为其功能和内涵的表现发挥重要的作用。

6.1.4　植物配置完善园林小品的功能

科学的植物配置不仅起到美化小品的作用，而且还可以完善小品的功能，例如廊架等服务小品能够以种植形成绿色的背景，边上种植攀缘类植物攀爬其上，可以完善庇荫的效果和功能，会使休憩

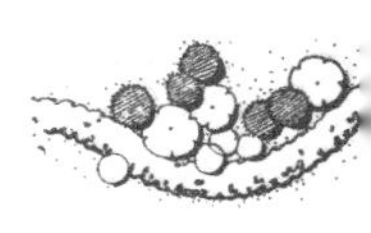

图 6-5 植物与建筑小品配置透视效果

的人们感觉更加安全、舒适（图 6-6）。还有如指示小品（导游图、指路标牌）旁边，种植几棵姿态特别的树，就可以突出指示标牌的位置，强化指示导游的作用（图 6-7）。

图 6-6 植物与廊架配置透视效果

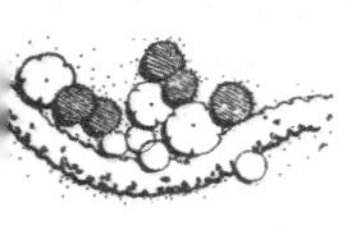

图 6-7　植物与展示小品配置透视效果

6.2　服务小品的植物配置艺术

亭、廊、花架、张拉膜等服务设施具有装饰和服务的双重功能，植物配置也应同时考虑满足观赏和休闲的双重要求。以浓郁、成片的树林作为服务小品的背景或使其半隐于植物群落之中，比单独放在草坪或者铺装上要显得更加自然，对于游人来说也更具有亲和性和安全感（图 6-8、图 6-9）。在很多城市公园中，常将生态气息浓厚的茅草亭置于丛丛竹林掩映之下，则具有别致的都市森林之野趣。

座椅是园林中分布最广、数量最多的小品之一，其主要功能是为游人提供休息、赏景的设施。从功能完善的角度来设计，座椅边的植物配置应该要做到夏可遮阴、冬不蔽日，所以座椅周边应该种植落叶大乔木，这样不仅可以带来阴凉，植物高大的树冠也能成为赏景的“遮光罩”，使透视远景效果更加明快清晰，也使休息者感到空间更加开阔。另外，在进行植物配置时可以考虑多种座椅与植物景观有机的搭配形式，使座椅与环境能够更加自然的融合（图 6-10）。

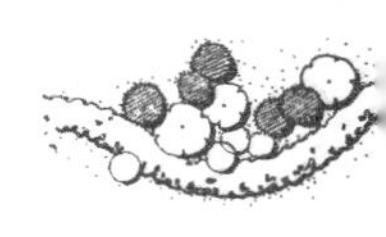

图 6-8 植物与花架配置透视效果

图 6-9 植物与膜结构小品配置透视效果

对于垃圾箱、厕所等园林小品，由于其本身的观赏性不高或是会散发难闻的味道，所以应该利用植物进行必要的遮挡，但同时还必须有适当的显露以免影响这些设施的使用，常用的方法是进行遮挡种植时露出小品的一角，或者在全部遮挡后以标志牌进行引导。例如，可以配合厕所的体量，在厕所入口前栽植几丛竹子，既起到较好的遮挡效果，又使游人能透过竹丛隐约看到后面的建筑（图 6-11）。

图 6-10　植物与座椅配置透视效果

图 6-11　植物与厕所配置透视效果

6.3　装饰小品的植物配置艺术

装饰小品在园林中具有画龙点睛的作用，对于提升景观品质的效果是显而易见的。一件装饰作品原本是独立的，自身就具有完整的审美法则，但当它被摆放到城市绿地之中时，就由一个独立个体成为了总体的一部分，同时在一定程度上打破了其原先的法则，而产生了新的效果。装饰小品在园林中的地位有两种，植物配置也应

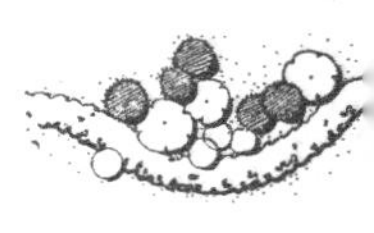

根据其所处的地位进行针对性的设计。

（1）主导地位　在园林中占主导地位的装饰小品（如城市雕塑等）往往具有重大的主题思想和深远的教育意义，它们通常都位于轴线的中间或地形的最高处，是整体环境的主角，其他园林元素都为它服务。

（2）辅助地位　装饰小品是造景的辅助手段之一，与其他元素（诸如绿化、建筑、地形等）共同形成园林中的景观节点或形成对景、障景、框景和借景等的必要元素。

城市象征雕塑的空间构成与造型往往象征时代精神和民族精神，表达人们美好的愿望，达到鞭策人们奋发进取、勇往直前和展现城市风貌的作用，在城市环境中处于当仁不让的主导地位。城市象征雕塑形状大都为简单几何元素的叠加，选用的材质一般具有金属光泽或色彩鲜艳，与绿化的自然色会产生强烈的对比，但这种对比若把握得当，会增加彼此的艺术感染力。绿化种植可以以离雕塑很远的地方就开始大面积色块的对比，直至延续到雕塑前，这样一下子就吸引住了人们的视线，产生引导、铺垫的效果，适当地把雕塑前的植物修剪成几何形状，会使雕塑与环境的空间感得到进一步的统一；在雕塑背后多以高大的乔木如银杏、悬铃木等作为背景，更能映衬出雕塑的造型之美（图 6-12）。

图 6-12　植物与雕塑配置透视效果

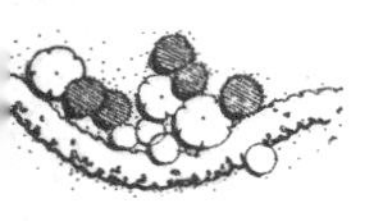

处于主导地位的装饰小品，往往在其周围留出一定面积的地坪或草坪，就能使小品与绿化之间起到一种材质、层次、色彩上的过渡（图 6-13、图 6-14）；又如对于道路交通岛中心的装饰小品，绿化可以为中心，由低至高，层层扩展，并采用规则式的形式，形成人们感官上的空间中心，以强调其位置感和重要性。

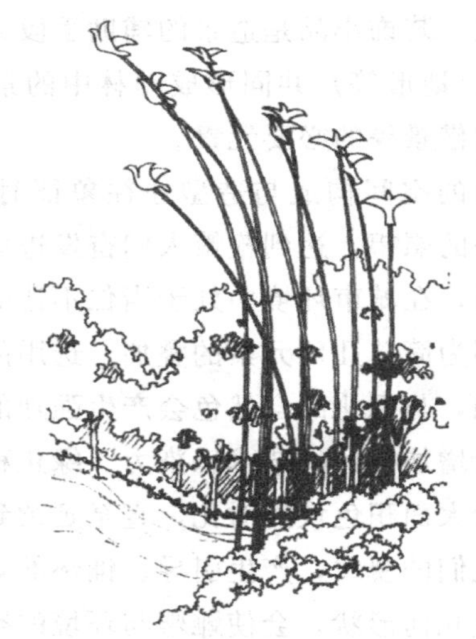
图 6-13　植物与装饰小品配置平面布置

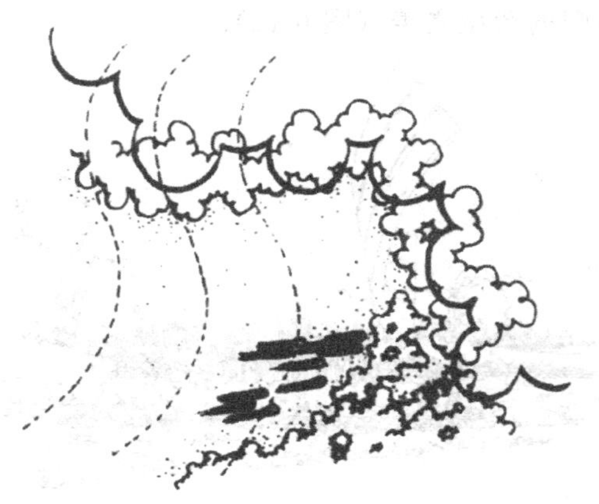
图 6-14　植物与装饰小品配置透视效果

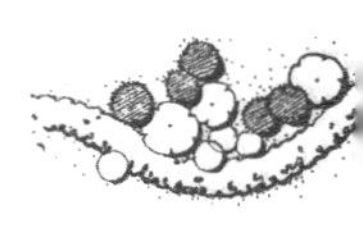

大部分装饰小品在园林中处于从属地位，如多数园林雕塑及景墙、花池、装饰性栏杆等。这些装饰小品多以日常生活为题材，虽是一种纯艺术的装饰，但对美化城市会产生充满生活情趣的效果。它们的优势具体体现在贴近生活，更符合寻常百姓的审美观，因此它们本身就是一种艺术形式。

虽然理解部分小品特别是抽象雕塑需要人们具有较高的艺术修养，但它们都能起到陶冶人们情操的作用，与绿化植物充满活力、传达给人们生命的信息有着异曲同工之妙，均完美体现了人与自然的和谐统一。把它平民化、生活化后，巧妙地与绿化、环境相结合，能够赋予绿化新的内涵，增加了绿化功能的附加值，迎合了人们的需要。这些小品的植物配置，最重要的是为其营造良好的环境氛围，以满足它们所要表达的主题需要。通常的设计手法是首先为其营造良好的背景，其次是注重前景植物的衬托和装饰功能，使装饰小品能够融于绿意盎然的环境之中（图 6-15）。

景墙、栏杆等装饰性园林小品在进行植物配置时，常以高大的乔灌木搭配形成绿化的框架及背景，以低矮地被植物或整齐修剪的

图 6-15　植物与雕塑配置透视效果

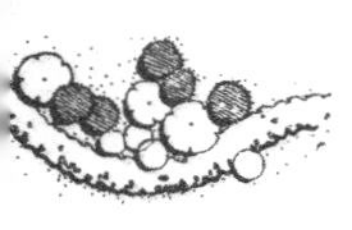

绿篱形成基础绿化，而以爬藤类自然攀缘其上，这样不仅柔化、遮挡了景观小品的硬质棱角，而且与小品共同形成了特色景观，增添了自然之趣（图 6-16）。

图 6-16　植物与景墙配置透视效果

6.4　展示小品的植物配置艺术

宣传栏、导游图、指路标牌、说明牌等展示小品分布于城市及绿地中的每一个角落，起到指引游览路线、宣传或介绍景点的作用，它们一般体量较小、造型精致美观。要使展示小品和谐地融入城市绿地的整体环境中，除了小品本身需要艺术化的设计外观，植物配置也发挥了非常重要的作用。植物配置首先要满足功能上的需要（如保证小品发挥良好的展示作用），可以通过标志种植强调小品的位置，或以密集的种植突出小品的形体或色彩，注意植物枝叶不要遮挡小品上的文字；其次是要注意基础种植和背景种植，使小品能够更好地融入整个环境之中（图 6-17～图 6-19）。

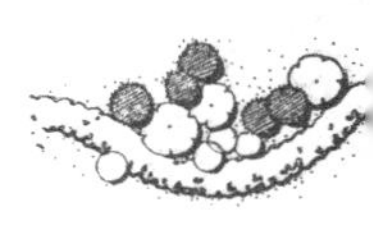

图 6-17　植物与小品配置透视效果

图 6-18　展示小品与植物配置透视效果

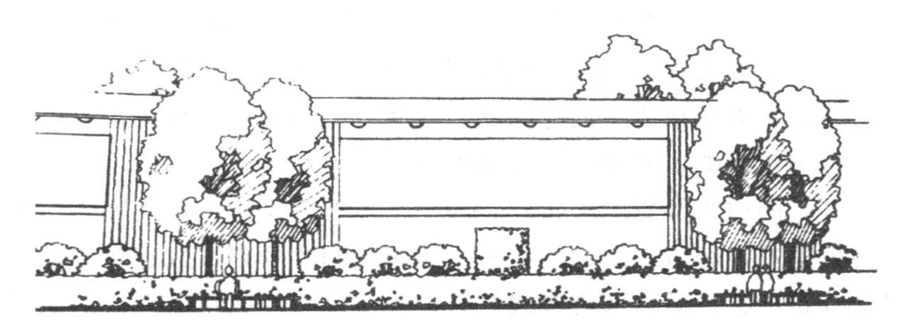

图 6-19　宣传栏与植物配置立面效果

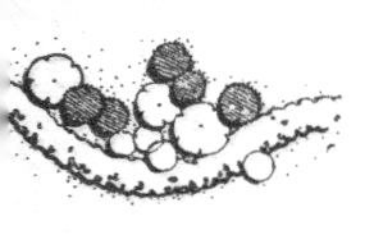

6.5 照明小品的植物配置艺术

以照明功能为主的灯饰，在园林中是一项不可或缺的基础设施，对于丰富城市景观，特别是园林夜景具有极为重要的意义。照明小品种类繁多，常见的有路灯、庭院灯、特色柱灯、草坪灯、射灯等，由于其种类数量较多、分布较广，在位置选择上如果不考虑与其他园林要素的有机结合，不仅会影响绿地的整体园林效果，还会影响灯饰正常的照明功能。科学的植物配置设计，是解决灯饰和环境关系、提高景观品质、发挥小品正常功能的有效措施。

照明小品的植物配置，首先必须与灯具的总体设计相符合。例如，规则式的广场绿地其灯具的分布大多也非常规则，因此植物配置可根据灯具的分布进行针对性的规则式设计（图 6-20）。而对于自由式的园林绿地，庭院灯及草坪灯的分布一般为自由式布置，植物配置的形式也多为自然式。其次植物配置要与灯具的体量相适应，照明小品作为环境的必要构成元素，在体量上要力求与环境相适宜。而从相反角度考虑，在植物配置的时候，则要特别注意所选植物要突出或削弱灯具的体量。例如，在大型园林广场中经常设置巨型灯具，以达到较强的装饰效果，这种情况下灯具周围可以选用相对低矮的植物或整形的修剪绿篱，以突出灯具的装饰性地位且不影响其照明功能（图 6-21）。而在林荫曲径旁，一般常设小型园灯，体量较小，造型也更精致，植物配置时最好为其设置统一的绿化背景，以衬托园灯的精美造型（图 6-22）。最后植物配置不能影响小品的功能发挥。例如，路灯周边不能种植太多的高大乔木，草坪灯周边不能种植密集的花灌木，水底灯的周边不能种满水生植物等，以避免影响各种照明及装饰作用。

灯具的位置是影响种植设计的一个重要因素，植物配置必须根据其位置进行相应的设计。位于主路旁规则式的路灯或庭院灯，应尽量等距种植行道树或规则式绿篱，并与灯具的间距取得一定的呼应，从而形成良好的韵律感（图 6-23）。而散置的庭院灯、射灯及

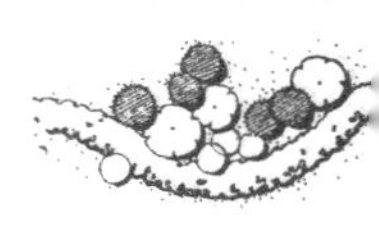

图 6-20　植物与规则式灯具配置透视效果

图 6-21　植物与大型灯具配置透视效果

草坪灯等，最好设计在低矮的灌木丛中、高大的乔木下或者植物群落的边缘位置，既能起到一定的隐蔽作用又不会影响灯具的夜间照明。

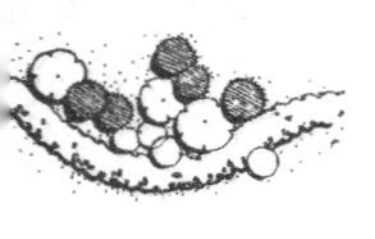

图 6-22　植物与小型灯具配置透视效果

图 6-23　植物与灯具配置透视效果

为了营造特殊的灯光效果，可以在进行植物配置时特意设置孤赏树或树丛，在其下配置射灯。白天形成优美的植物景观，而夜晚则是晶莹剔透的夜景装饰效果，从而使日景和夜景效果达到完美的统一（图 6-24、图 6-25）。此外，还可以在重要节点广场的乔木或

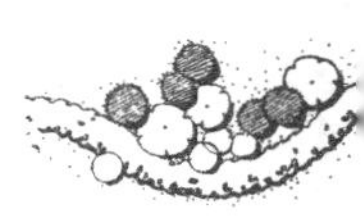

高大灌木上缠绕成串的小型彩灯，夜幕降临时或灯光璀璨、或如繁星点点，具有极强的景观效果。

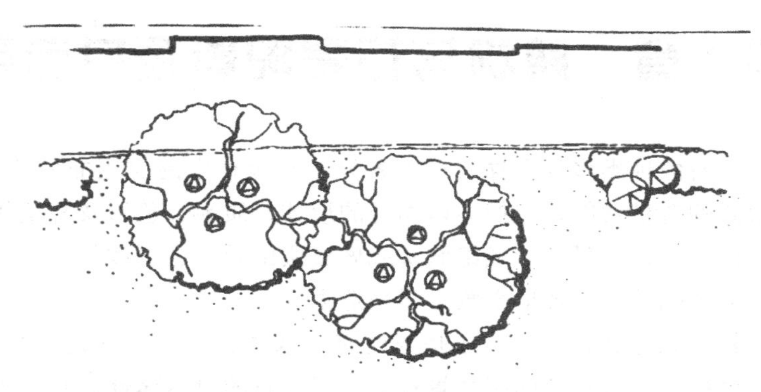

图 6-24　园林小品与植物配置平面效果

图 6-25　植物与射灯配置透视效果

第7章　植物与石景配置及其造景

景石的种类多种多样、形态各异，在园林中的应用非常广泛，有很强的造景功能。它们多以本身的形体、质地、色彩及意境作为欣赏内容，既可孤赏、成组欣赏或做成假山园，也可砌作岸石、山石，或蹲配并结合地形半藏半露来造景。

景石无论是独立摆放还是与建筑、水体、植物、灯光相结合，都能创造出独具特色的园林景观。由于景石的自然属性，其与水体和植物的结合设计往往更富自然情趣。不同类型的景石与植物搭配可以表现出不同的特色，植物能加强景石的观赏效果，本身起到较好的陪衬作用，或是景石处于从属地位来丰富植物景观的艺术效果。

岩石园是园林中石景应用的一种典型形式，它以岩石及岩生植物为主，结合地形的营造和其他植物的选择应用，展示高山草甸、牧场、碎石陡坡、峰峦溪流等自然园林特征，景观别致生动、富有野趣。

7.1　景石与植物的配置艺术

7.1.1　景石的类型

在中国古典园林中，按照构成材料可把假山分为土包石、石包土、土石相间三类；按照假山堆叠的形式分为仿云式、仿山式、仿生式、仿器式等类型；利用山石堆叠构成的山体形式有峰、峦、顶、岭、峀、岗、岩、崖、坞、谷、丘、壑、岫、洞、麓、台、栈

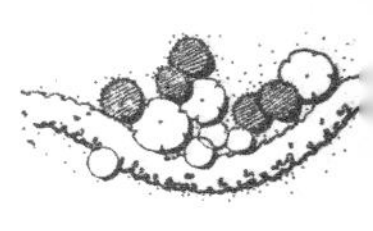

道等；假山置石常见的种类有湖石类、黄石类、青石类、卵石类、剑石类、砂片石类等（图 7-1）。

不同的景石具有不同的形态，恰到好处的植物配置，能够充分体现景石所要表现的观赏特征。例如，太湖石旁常配置草本植物，

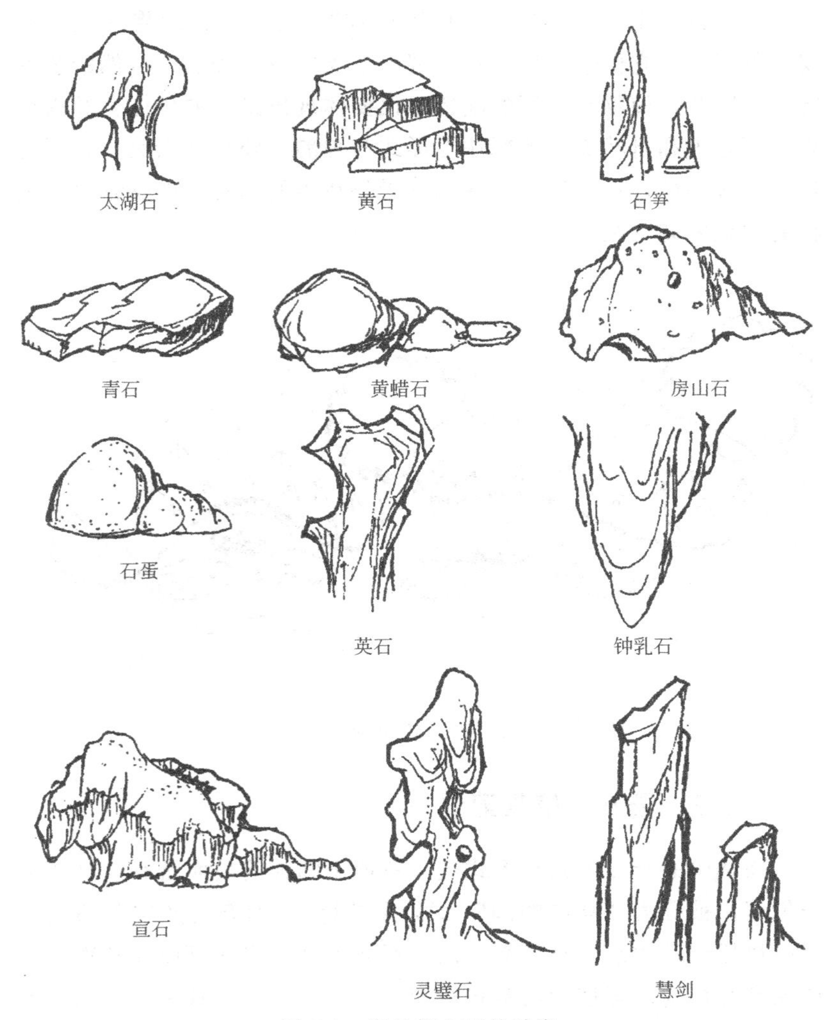

图 7-1　常见假山石的种类

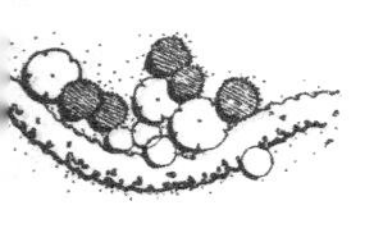

以突显景石的古典之美；黄蜡石常与花叶良姜等草本植物相配置；英石常堆砌成假山，并与乡土植物相配置；花岗石常作为主景雕塑，植物配置起烘托的作用。通过科学的植物配置，能够充分体现景石的地域特点和造型风格。

园林设计中常常提到的“位置得宜”，就是说必须将一花一石安置得当，使它们恰到好处地表现出景观的灵性和源于自然的艺术特色。因此，植物与山石的配置不仅要体现出景石的单体美及搭配后的整体美和自然美，还要注意形式与神韵、外观与内涵、景观与生态的统一性，让人们在欣赏和感受外在美的同时，能够领悟到独特的文化内涵（图 7-2～图 7-6）。

图 7-2　植物与石笋配置平面布置

7.1.2　景石与植物配置

园林中的景石因具有形式美、意境美和神韵美而富有较高的审美价值，被称为“立体的画”、“无声的诗”。形态自然柔美的植物可以衬托景石的硬朗和气势，而景石之辅助点缀又可以让植物显得更加富有神韵。当植物与景石搭配营造景观时，不管表现的主体是景石还是植物，都要根据景石本身的特征和周边的具体环境，精心

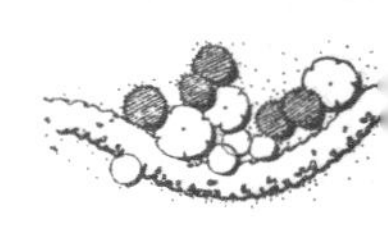

图 7-3　植物与石笋配置透视效果

图 7-4　植物与青石配置透视效果

选择适宜植物的种类进行合理的配置。景石与植物的搭配方式，不外乎以下三种类型。

（1）植物为主、景石为辅——返璞归真、自然野趣　以景石为配景的植物配置可以充分展示植物群落形成的景观，设计主要以植

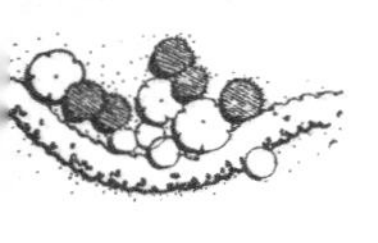

图 7-5　植物与黄蜡石配置平面布置

图 7-6　植物与黄蜡石配置透视效果

物配置为主，景石作为园林中的一个辅助要素。例如，大乔木与大而质朴的景石配置，会形成古朴苍劲及自然野趣的景观（图 7-7、图 7-8）；园区步行道两侧常以翠竹林为景观主体，林边配置茂盛葱郁的阴生植物，结合镶嵌在植物之中参差错落、凹凸不平的成组块石，景观效果生动有趣，漫步其中，如置身郊野山林，让人充分领略大自然的山野气息；如在庭院一隅的紫薇、棕榈、杜鹃、肾蕨组成的植物群落中独具匠心地放置奇石，亦能构成一处精致的景观场景；利用宿根花卉或一年生、二年生花卉，栽植在树丛、绿篱、

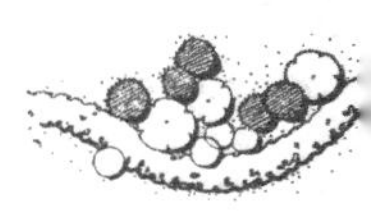

栏杆、绿地边缘、道路两旁、转角处以及建筑物前，以带状自然式混合栽种可形成花镜，这样的仿自然植物群落再配以景石的镶嵌，会使景观更为协调稳定和亲近自然。

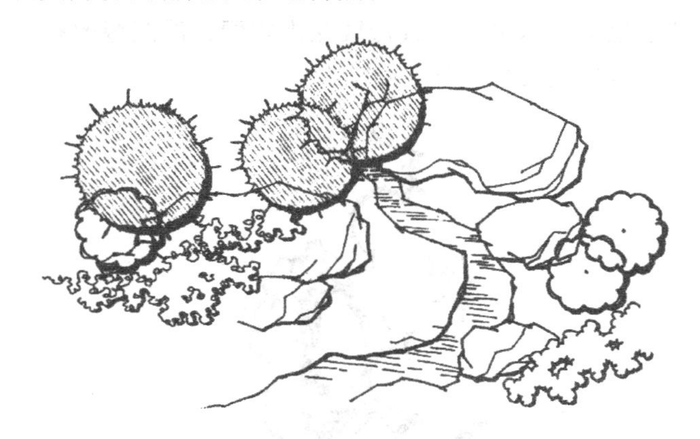

图 7-7　植物与景石配置平面布置（一）

图 7-8　植物与景石配置透视效果（一）

（2）景石为主、植物为辅——层次分明、静中有动　具有特殊观赏价值的景石一般以表现石的形态、质地为主，不宜过多地配置体量较大的植物，可在石旁配置一、二株小乔木并结合多种低矮的

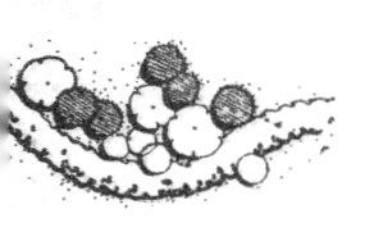

灌木或草本植物（如平枝荀子、迎春、沿阶草、马蔺等），如图 7-9、图 7-10 所示；为使景石能够与环境结合得更加自然，可以种植攀缘植物（如金银花、地锦、薜荔等）对景石局部进行遮掩，或者将景石半埋于地下，以书带草或低矮花卉相配；溪涧旁的石块常植以各类水草，以增加自然之趣。

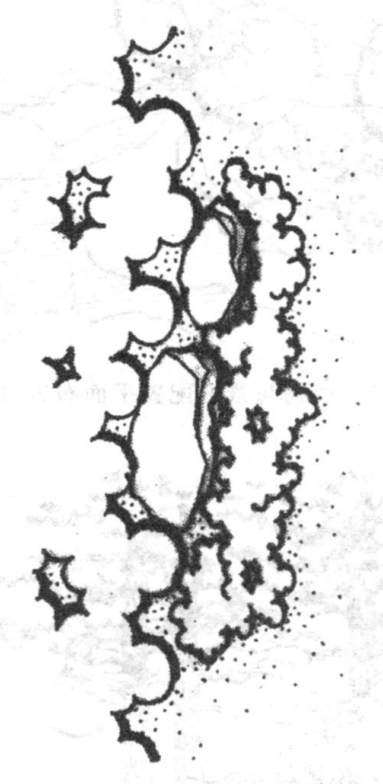

图 7-9　植物与景石配置平面布置（二）

假山在园林中往往是观赏的主体，植物配置宜利用植物的造型、色彩等特色衬托山的姿态、质感和气势。植物多配置在半山腰或山脚，半山腰的植株体量宜小，形态要求盘曲苍劲，配置在山脚的则相对要高大一些。例如，扬州个园的黄石假山，山间的石隙中种植苍翠的古柏，其坚挺的形态与山势取得调和，苍绿的枝叶又与褐黄的山石形成对比，而山脚的青枫姿态挺拔、清爽高挑，既增加了景深，又较好地突出了假山的主体地位。

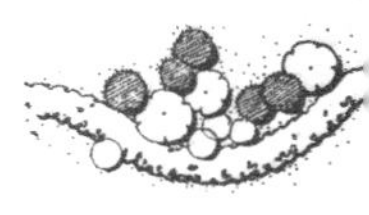

图 7-10　植物与景石配置透视效果（二）

景石还可与各种灌木配置，形成各种丰富的景石植物小景，如环境一角由几块奇石和植物成组配置是设计中常用的手法。景石需大小呼应，疏密有致，利用蒲苇、矮牵牛、秋海棠、南天竹、桃叶珊瑚等花境植物有机地组合在石块之间，形成参差错落、生动有趣的效果。

（3）植物、山石的配置——因地制宜、相得益彰　在园林中，当景石与植物组织共同创造景观时，有时无法确定植物和景石谁处于主体位置，这时更要根据景石本身的特征和周边的具体环境，精心选择植物的种类、形态、高低大小以及不同植物之间的搭配形式，使景石和植物组织达到最自然、最美的园林效果，营造出丰富多彩、充满灵韵的和谐景观。

植物与山石相得益彰的配置方式常见的类型有岸边植物配置、岩石园植物配置、园林植物与群石配置形式等。植物配置倾向于展现自然群落特征，结合特定的地形地貌，模仿自然、旁山叠石、石树相间，情趣盎然（图 7-11）。

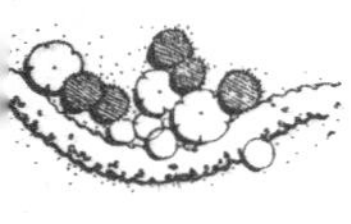

图 7-11　植物与景石配置透视效果（三）

7.1.3　古典园林和现代园林中景石与植物的配置特色

在传统的造园艺术中，堆山叠石占有十分重要的地位，无论是显赫的北方皇家园林，还是秀丽的江南私家园林，均有掇石为山的秀美景点。在古典园林中，经常在庭院的入口、庭院中心等视线集中的地方设置大块独立山石，在山石的周边常缀以形态丰富的植物，作为背景烘托或作为前置衬托，形成层次分明、静中有动的园林景观。这种以山石为主、植物为辅的配置方式因其主体突出，常作为园林中的障景、对景、框景等来划分空间，丰富层次，具有多重的造景功能（图 7-12、图 7-13）。

苏州留园的冠云峰、瑞云峰和岫云峰坐落于鸳鸯厅一侧的院落中，集透、皱、瘦、漏于一体，具有极高的观赏价值。景石周围配置石榴、芭蕉、南天竹、枸杞等灌木，前植低矮的各色草花，植物花叶扶疏、姿态娟秀、苍翠如洗。在绿色的背景和前景的衬托下，湖石山峰高耸奇特、玲珑清秀，与周边植物一起共同形成了留园的象征。

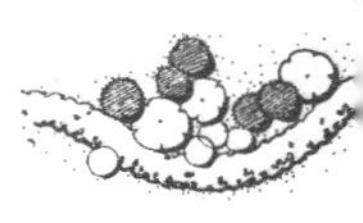

古典园林中景石与植物的搭配，在漫长的应用历史中形成了深厚的文化内涵和意境。例如，在扬州个园的月洞门之前，有一副粉墙为纸、竹石为画的画面，这里翠竹秀拔、绿荫宜人、石笋参差、搭配有情，能使人联想到雨后春笋生机勃勃的意境。

图 7-12　植物与景石配置立面效果

图 7-13　植物与景石配置透视效果

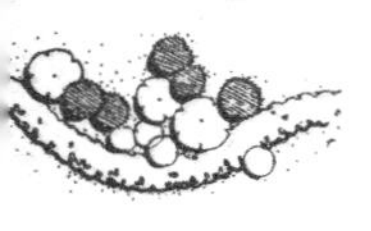

与古典园林相比，现代园林选用的景石和摆放的方式发生了很大变化，更多地融入了追求简洁精练的风格。景石在较多应用湖石、黄石、英石的基础上会结合人工塑石或卵石等共同造景，与景石在古典园林中常占主体相比，在现代园林中更多的处于从属地位。

在现代园林中，简洁的设计风格赋予景石朴实归真的原始生态面貌，而植物配置则更多地采用植物群落的方式，以多层次的种植形成整体的绿化氛围，以低矮的草本植物或宿根花卉疏密有致地栽植在石头周围，使景石能真正融入绿色的环境之中，精巧而耐人寻味，深受人们的喜爱。

在现代的居住区绿地和公园内，景石也经常被安置于居住区的入口、公园某一个主景区、草坪的一角或轴线的焦点等形成醒目的点景，良好的植物景观则恰到好处地来辅助石头的点景功能。特别是部分景点会采用别致的设计手法，通过景石的特殊组合及植物的合理配置，形成独特的极具现代气息的景观节点（图 7-14）。

图 7-14　植物与景石配置透视效果

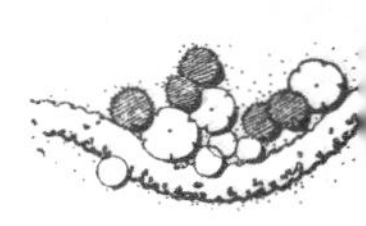

7.2 岩石园的植物配置艺术

7.2.1 岩石园简史及其发展应用概括

当前“生态园林”在城市的发展过程中得到了越来越多的推崇，它的目标是创造绿色自然、优美和谐、充满野趣的园林景观环境。在这样一个倡导“绿色、自然、生态、野趣”的宏大背景下，以赞扬自然、模拟自然、回归自然、推崇“自然美”的现代岩石园必然成为了当今生态园林的重要组成部分。

岩石园是以岩石及岩生植物为主，结合地形选择适当的沼泽、水生或其他类型植物，展示类似高山草甸、牧场、碎石陡坡、峰峦溪流等自然景观。岩石园在欧美各国常以专类园的形式出现，在岩石园的发展过程中，植物的选择及配置在其中起到了重要的推动作用。

在岩石园发展过程中形成了多种类型，其风格分为自然式、规则式和混合式，此外有墙园式及容器式等特殊类型。岩石园的常用设计手法是利用原有地形，模仿自然堆山叠石，植物配置则要做到花中有石、石中有花、沿坡起伏。远眺万紫千红、花团锦簇，近观则怪石嶙峋、高低错落，形成美丽的特色景观效果（图 7-15）。

图 7-15 层次丰富、景观优美的岩石园透视效果

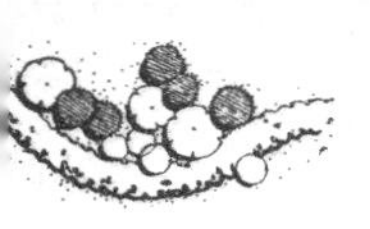

如何将景石与植物结合造景，充分利用我国丰富多彩的旱生植物、岩生植物、沼泽及水生植物，创造出具有中国特色的岩石园，对于当代园林绿化而言具有重要的意义。

7.2.2 岩石园植物的选择与配置

岩石园的植物配置多模拟高山园林植物景观。一般高山上温度低、风速大、空气湿度大、植物生长期短、多为灌丛草甸或高山无花草甸，这些优美的自然景观是我们进行岩石园植物配置时良好的素材。岩石园的植物配置，首先要选择几种植物作为优势种，形成较为壮观的色块效果，优势种的多少及面积的大小一般根据岩石园的规模来决定；其次在配置中要注意植物色彩、线条及高低错落的搭配，形成层次丰富的景观效果；再者要根据不同的生态环境，满足其对光照、土壤湿度、盐碱性等方面的生态要求，因地制宜地配置喜阳、耐阴、耐潮湿、喜干旱的各种植物（图 7-16）。在岩石园常用的植物中，喜光的种类有砂地柏、松属、蔷薇属等；耐阴的有矮紫杉、粗榧、绣线菊属等；喜阴湿的除蕨类、苔藓类外，还有秋海棠属、虎耳草属等。

图 7-16 岩石园水生区透视效果

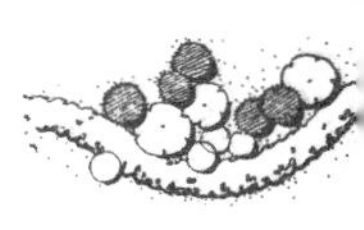

岩石园中除将岩生植物配置在需要的位置外，为控制部分植物种类的任意蔓延，需在其他区域植以草坪。为进一步强调岩石园的自然外貌特征，在草坪上可配置各种宿根、球根花卉，模拟自然的高山草甸景观。

由于真正的高山植物难以忍受低海拔的环境条件，设计多选用貌似高山植物的灌木、多年生宿根、球根花卉来替代，植物应选择植株低矮、生长缓慢、节间短、叶片小、开花繁茂和色彩绚丽的种类，具体包括低矮的木本植物、多年生小球茎和小型宿根花卉及低矮的作为填充缝隙的一年生草本花卉等。

7.2.3　各类岩石园的植物配置

7.2.3.1　规则式岩石园

规则式岩石园常建于街道两旁、建筑周边、花园的角隅及土山的阳面坡上，设计常采用台地式，形成一层层规则式的栽植床。主要栽植欣赏高山植物、岩生植物及各种低矮的观赏花木。这种形式的岩石园主要强调展示效果及装饰效果，可选择多种色彩艳丽的植物进行规则式栽植（图7-17）。

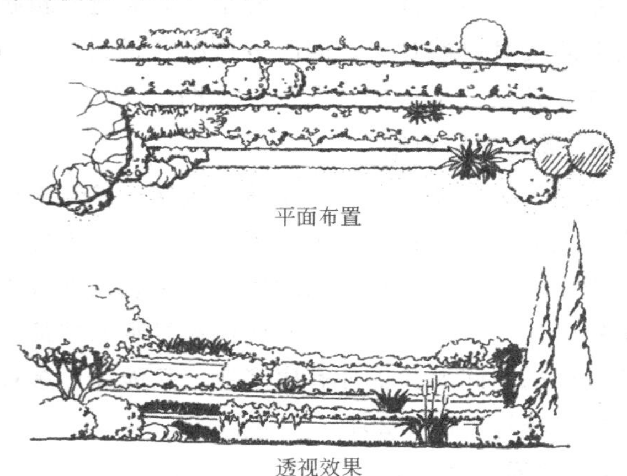

图7-17　规则式岩石园植物配置平面布置及透视效果

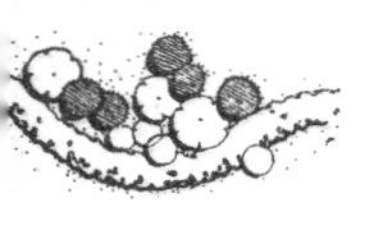

7.2.3.2 自然式岩石园

自然式岩石园以展现类似高山的地形及植物景观为主，要尽量引种高山植物。园址要选择在向阳、开阔、空气流通之处，而不宜在墙下或林下。公园中的小岩石园由于面积所限，常选择在小型山丘的南坡或东坡上。

自然式岩石园首先要进行丰富的地形设计，以满足植物生长所需的多种生态环境，满足其生长发育的需要并丰富景观层次。地形设计应模拟自然中的山峰、山脊、支脉、山谷，碎石坡和干涸的河床等，种植同样需借鉴相似地形中植物的分布、种类和高低错落的层次关系，使其能展示类似环境的神韵。岩石园还要利用好水景这一令人愉悦的景观元素，布置曲折蜿蜒的溪流、开阔的池塘与动态的跌水等，并尽量将水景与地形结合起来，使园林更具生气，形成多变的景观效果。设计要结合水景的特色进行相应的植物配置，使水体与地形和岩石的结合更加协调，整体呈现更为自然的外貌特征。

岩石园内游览小径宜设计成柔和曲折的自然路线，小径上可铺设平坦的石块或块石碎片，在小径的边缘和石块间种植低矮植物，特意引导游客不按习惯步伐行走。这种小心翼翼避开植物，踩到石面上的游览方式更具自然野趣。同时也让游客感到岩石园中除了岩石及其阴影外，到处都是植物（图 7-18、图 7-19）。

7.2.3.3 混合式岩石园

在一些大型的岩石园中，由于要兼顾园区形象和多变的景观效果，因此常常设计成混合式。具体表现为入口区、重要节点和园区的轴线采用规则式，强化了整体的理性分区和装饰性效果；其他大部分区域采用自由式，符合了岩石园所模拟景观的特征。混合式岩石园，既使园区的空间形式更加有序多变，又能满足多种展示植物生长所需的生态环境（图 7-20）。

7.2.3.4 墙园式岩石园

这是一类特殊类型的岩石园，主要是利用各种挡土墙或分割空

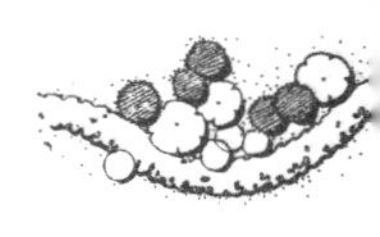

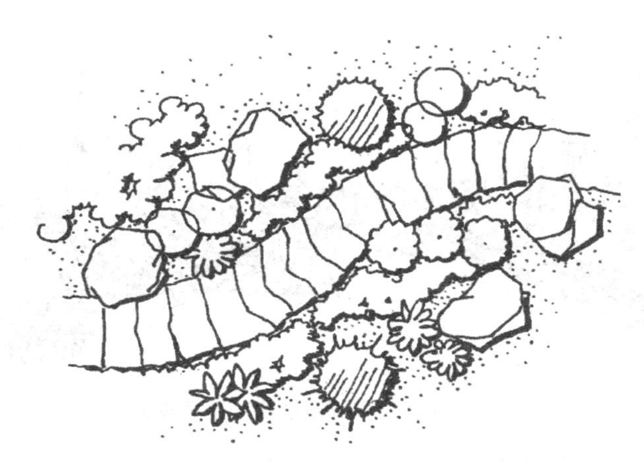

图 7-18 自然式岩石园植物配置平面布置

图 7-19 自然式岩石园植物配置透视效果

间的墙体缝隙种植各种岩生植物。建造墙园式岩石园需注意墙面不宜垂直，而要向护土方向倾斜，石块嵌入土壤固定时也要由外向内稍朝下倾斜，以便承接雨水，使石缝里能保持足够的水分供植物生长。石材以薄片状的石灰岩较为理想，既能提供岩生植物较多的生长缝隙，又有理想的色彩效果。石块之间的缝隙不宜过大，并用肥土填实，竖直方向的缝隙要错开，不能直上直下，以免墙面不坚固及土壤被雨水冲刷。

图 7-20　混合式岩石园植物配置透视效果

墙园里可种植多种类型的乔木、灌木来形成丰富的立面效果及艳丽的色彩，特别是可多引用藤本植物来攀爬墙面、引用附生植物栽植在石墙的缝隙中，从而使岩石园更具特色（图 7-21）。

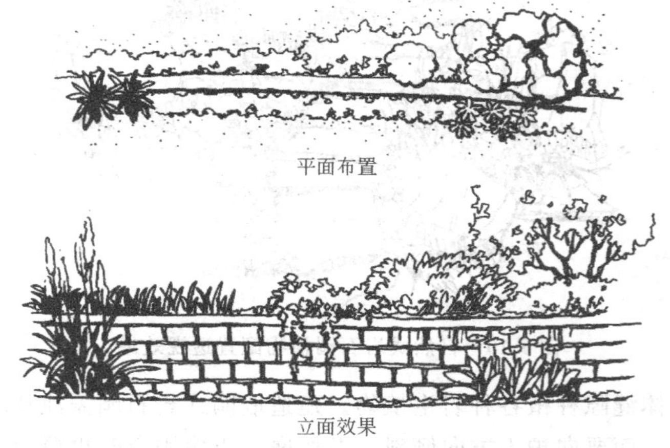

图 7-21　墙园式岩石园植物配置平面布置及立面效果

7.2.3.5　容器式微型岩石园

利用石槽或各种废弃的动物食槽、水槽、各种小水钵、石碗或陶瓷容器等进行种植，是岩石园的另一种形式，这种类型的景观极具趣味性。容器式岩石园的设计首先要选择大小不一、形式多样的

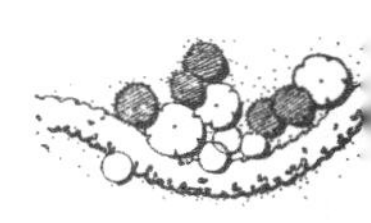

容器进行别致的组合，形成高低变化、层次错落的效果。种植要注意根据设计的意图、容器的大小和深浅选择合适的植物，种植前必须在容器底部凿几个排水孔，然后用碎砖、碎石铺在底层以利排水，上面再填入生长所需的肥土，最后栽种岩生植物。这种种植方式小巧别致，可以灵活地移动布置，便于管理的简便和增强景观效果的多变性（图7-22）。

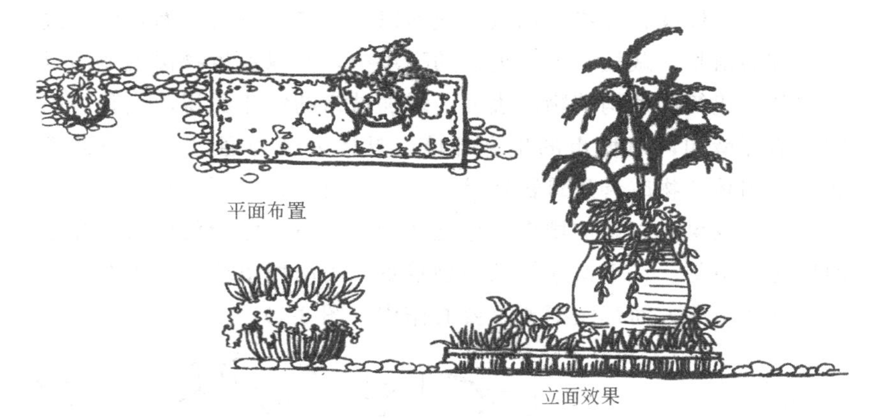

图7-22 容器式微型岩石园植物配置平面布置及立面效果

第 8 章　立体绿化配置及其造景

城市立体绿化是指利用城市地面以上的各种不同立面条件，选择适宜的植物，栽植于人工创造的环境中，使绿色植物覆盖地面以上的各类建筑物和构筑物的表面，增加城市的绿化面积，改善居民的生活环境和调节城市的生态环境。具体表现为通过人工辅助作业，用园林植物改善建筑物墙壁、阳台、窗台、屋顶及其他各类建筑物表面效果，以增加城市的绿化面积。城市立体绿化可以弥补地面绿化的不足，在丰富建筑及植物景观、提高城市绿化覆盖率、改善生态环境等方面都发挥着重要的作用（图 8-1）。

图 8-1　屋顶花园绿化透视效果

城市立体绿化的鼻祖是公元前 5 世纪的古巴比伦国王尼布甲尼撒为王后修建的“空中花园”，也是人类历史上最早的立体绿化。城市立体绿化的主要形式有地面绿化、屋顶绿化（屋顶花园）、阳台绿化、墙体绿化等。

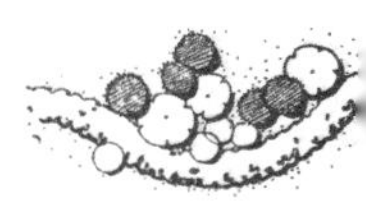

(1) 地面绿化　就是利用城市中一切绿化的地面植树造林、栽花种草，把裸露的地面覆盖装扮起来。如在街道两旁种植行道树，在街心或在路边修建花坛，栽种花卉、草皮和低矮的灌木类植物等。

(2) 屋顶绿化　屋顶绿化是国际上一种方兴未艾的城市环保有效途径。它具有为城市降温、散热、区域间隔热、隔音以及增加屋顶寿命、减少或阻止屋顶渗漏的功用，可以有效改善城市居民生活环境，美化生活环境空间，增加城市特色。

结合我国文化传统实际，屋顶绿化可采用两种基本类型：一种是花园式，即采用中国传统的小中见大的造园艺术，设计成屋顶古典园林，几十到几千平方米均可，内含各种花卉、树木、草坪、喷水鱼池、葡萄架、卵石健身路、欧式小屋、网球场、茶室、咖啡厅等，一年四季空气清新、景色宜人；另一种是花坛式，屋顶建平面花坛，其内种植数量不大的灌木、时令花草，并在屋顶周边布置种植池，池内可种垂吊性植物，挂在屋顶檐口，勾画出整幢建筑层层叠叠的绿带，分外妖娆。

(3) 阳台绿化　城市越来越多的高层建筑拔地而起，其阳台和窗台是楼层的半室外空间，是人们在楼层室内与外界自然接触的媒介，是室内外的节点。在阳台、窗台上种植藤本、花卉和摆设盆景，不仅使高层建筑的立面有着绿色的点缀，而且像绿色垂帘和花瓶一样装饰了门窗，使优美和谐的大自然渗入室内，增添了生活环境的生气和美感。

阳台绿化的环境空间具有种植面积小、空气流通强、墙面辐射大、水分蒸发快等特点，其绿化方式是多种多样的，如可以将绿色藤本植物引向上方阳台、窗台构成绿幕；可以向下垂挂形成绿色垂帘，也可附着于墙面形成绿壁。应用的植物可以是一年生、二年生草本植物（如牵牛、茑萝、豌豆等），也可用多年生植物（如金银花、蔓蔷薇、吊金钱、葡萄等）；花木、盆景更是有多种类型可供选择。但无论是阳台还是窗台的绿化，都要选择叶片茂盛、花美鲜

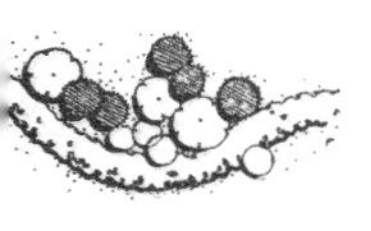

艳的植物，使得花卉与窗户的颜色、质感形成对比，相互衬托，相得益彰。

（4）墙体绿化　这是一种先进的城市环保工程和技术，是一种用藤本植物、绿草来装饰高层建筑墙面及周边围墙的绿化形式。一般是在建筑物的外墙根处，栽上一些具有吸附、攀缘性质的植物，使其在各种垂直墙面上快速生长，也可在阳台或屋面上种植一些向下垂吊的藤蔓植物，逐渐覆盖墙面。爬山虎、凌霄及爬行卫矛等植物价廉物美，有一定的观赏性，可作首选，也可选用其他花草、植物垂吊墙面。

城市立体绿化有生态、社会和经济三方面效益。生态效益主要表现为：平衡空气中的二氧化碳和氧气含量；调节环境的温度和湿度；滞尘和杀菌；降低噪声。社会效益主要表现为：增加绿化面积，增加绿色视野，创造城市的整体环境美；提高绿视率，调节人体的生理机能，提高工作效率；增加空气中的负离子，增进人体健康；衬托建筑美，赋予建筑物季节感，形成景观的季相变化。经济效益主要表现为发展庭院经济和间接效益。因此，城市绿化不应忽视立体绿化，立体绿化应在城市绿化中得到充分体现。

8.1　屋顶绿化的植物配置

屋顶绿化与其他园林景观一样，主要是指利用山石、建筑小品、水体、地形和植物等，按照园林美的基本法则构成园林环境。屋顶绿化在立体绿化中占有十分重要的地位，随着建筑及人口密度的不断增长，屋顶绿化正在蓬勃发展，它不仅将建筑与植物更紧密地融为一体，丰富了建筑的美感，也为人们休憩提供了新的场所。由于屋顶绿化是在建筑顶部有限的范围内造园，受到许多特殊条件的制约，设计和建造过程与普通的园林景观有显著的差异。

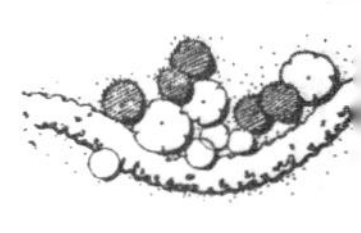

8.1.1 屋顶绿化的特点

屋顶绿化除遵循通用的园林景观设计理论技术外，涉及建筑结构承重、屋顶防水排水构造、植物生态特性、种植技巧等多项有别于露地造园的技术难题。屋顶花园建设成功的关键措施是减轻屋顶荷载、解决防水排水问题、改良种植土及科学的植物配置。为解决屋顶的承重问题，屋顶花园中一般不设置大规模的自然山水、景石、廊架等；地形处理上尽量以平地为主，可根据屋顶的承重相应设计部分起伏的微地形，以满足种植的需要和景观的层次变化（图8-2）；水池一般为浅水池，并多用喷泉来丰富水景；种植土常选择重量较轻的蛭石等材料，既有良好的排水及保水性，又能够有效地减轻屋顶的荷载。屋顶花园的设计及建造应以植物造景为主，以最大程度的发挥生态效益并创造绿色的景观氛围。因此，植物配置在屋顶花园的建造中起着十分重要的作用。

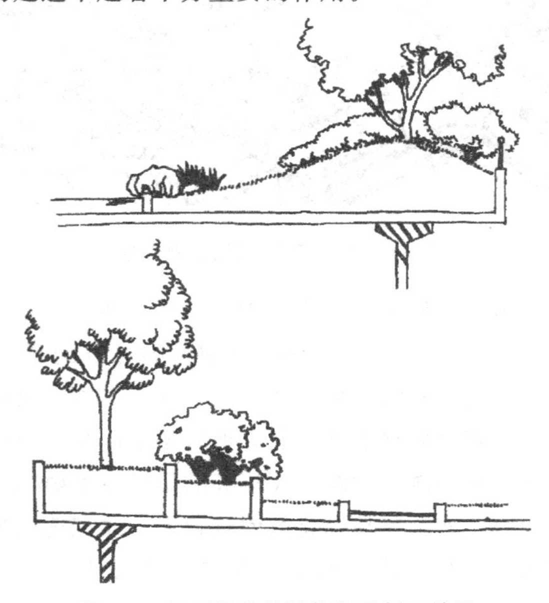

图 8-2 屋顶绿化的植物配置剖面效果

屋顶花园往往处于较高位置，风力比较大，光照时间长、昼夜温差大、湿度小，同时由于屋顶花园土层薄、土壤含水量少，因此植物配置时要选择喜光，耐寒、耐热、耐旱、耐瘠薄，生命力旺盛的花草树木。最好使用须根较多、水平根系发达、能适应浅薄土层的树种，尽量避免选用高大有主根的乔木，如确因造景需要应用较大的乔木，其位置应设计在承重柱和主墙所在的位置而不要在屋面板上，并且还要采取加固措施以保护乔木的正常生长。由于屋顶花园较少应用乔木，而灌木和草本花卉较多，所以设计时更要特别注意植物的高矮疏密、错落有致及和谐、合理的色彩搭配（图 8-3）。

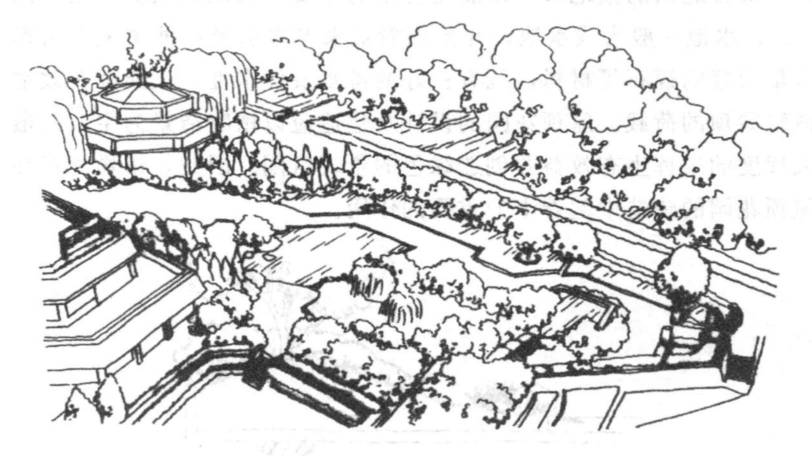

图 8-3 屋顶花园绿化透视效果

我国南方地区气候温暖、空气湿度较大，所以有多种浅根性、树姿轻盈秀美，花、叶观赏性高的植物种类可以配置于屋顶花园中。如果屋顶绿化以常绿草坪打底，结合种类丰富、层次错落的花卉和花灌木，其观赏效果更佳。北方地区冬季严寒，屋顶薄薄的土层很容易冻透，植物越冬困难，而早春的旱风在土壤解冻前易将植物吹干致死，因此实施屋顶绿化的困难较大，故宜选用抗旱、耐寒的草坪、宿根、球根花卉以及乡土花灌木进行造景，也可采用盆栽、桶栽植物的方式，便于冬天移至室内保护。

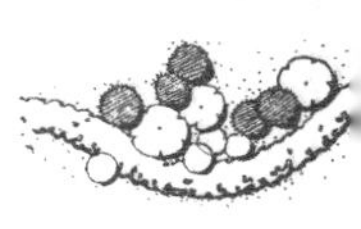

8.1.2　屋顶绿化的布局

屋顶花园相对于地面的公园、游园等绿地来讲面积较小，必须精心设计，才能取得较为理想的艺术效果。屋顶花园的设计与其他园林绿地设计的原理是一脉相承的，形式上可分为自然式、规则式和混合式三种，其植物配置也要与设计布局协调一致。

8.1.2.1　自然式布局

自然式屋顶绿化除园林空间的组织、地形地物的处理以自由式布局外，植物配置均以自然的手法，以求一种整体的自然园林效果。总体设计追求植物的自然形态与建筑、山水、小品的协调配合关系；植物配置讲究树木花卉的季相变化和色彩组合，形态上注重高低搭配，形成丰富的层次和富于变化的植物轮廓线，空间上进行疏密有致的设计以强调步移景异的景观（图 8-4）。

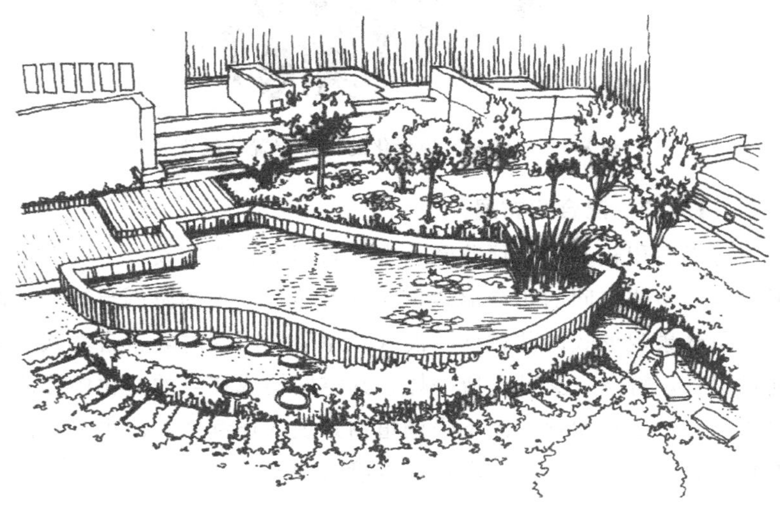

图 8-4　自然式屋顶绿化鸟瞰效果

8.1.2.2　规则式布局

规则式布局注重装饰性的植物景观效果，强调动态与秩序的变

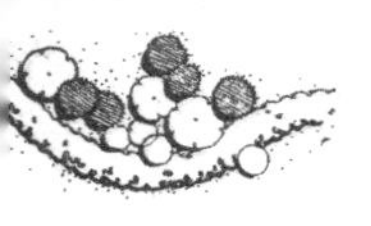

化。在植物配置上形成规则的、有层次的、交替的组合，表现出庄重、典雅、宏大的气氛。多采用不同色彩的植物进行搭配，园林效果更为醒目。在规则式布局中，常常结合修剪式植物图案配合点缀精巧的小品，使不大的屋顶空间变为景观丰富、视野开阔的区域（图 8-5）。

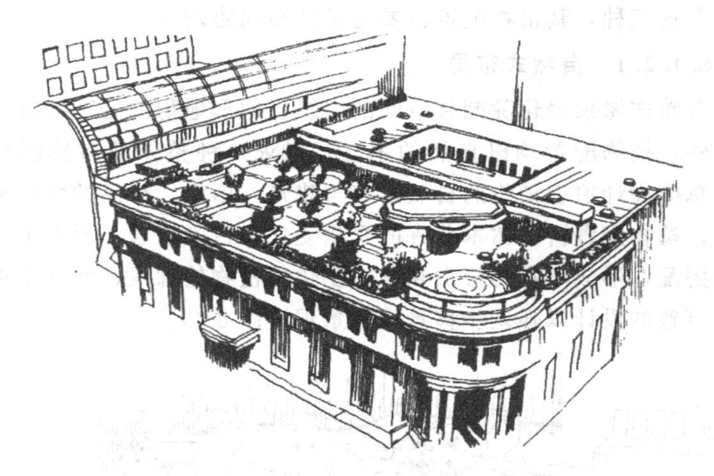

图 8-5　规则式屋顶绿化的植物配置鸟瞰效果

8.1.2.3　混合式布局

对于面积较大的屋顶花园，常常采用混合式的设计手法。植物配置迎合整体空间的布局形式，注重自然与规则的协调与统一，以追求园林景观形式的共融性。混合式屋顶花园同时具备自然式与规则式的景观特点，又都自成一体，其空间构成在点的变化中形成多样的统一。这种屋顶花园不强调植物景观的连续性，而更多地注重不同景观个性的紧密结合和良好过渡（图 8-6、图 8-7）。

8.1.3　不同类型屋顶花园的植物配置

不同类型建筑的屋顶花园具有不同的使用功能，因此在进行屋顶花园的植物景观设计时，应该根据不同花园的使用性质，注重以

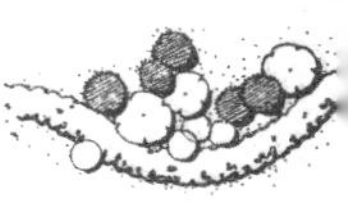

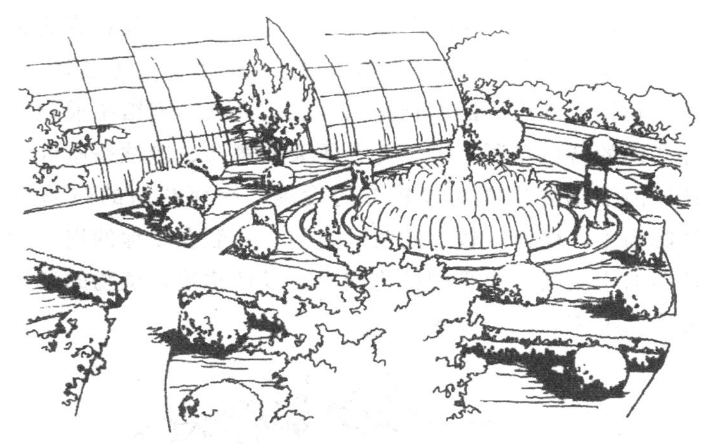

图 8-6 混合式屋顶花园鸟瞰效果

图 8-7 混合式屋顶花园局部透视效果

人为本，充分考虑人的心理和人的行为，进行针对性的设计。另外，还应该充分地把地方文化和特色文化融入园林景观中，创造一个源于自然而高于自然的园林环境。

8.1.3.1 公共游憩性屋顶花园

由于这种形式的屋顶花园是一种集活动、游乐为一体的公共场所，因此除保证绿化效益外，还要在设计上充分考虑到它的公共性。在植物配置、出入口、园路、布局、小品设置等方面要注意符合人

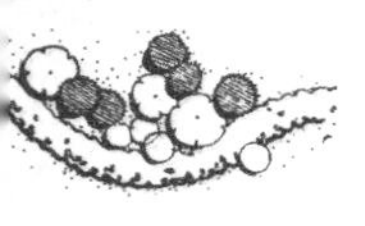

们活动、休息等需要。种植设计应以草坪、小灌木及花卉为主，尽量将园中设置的座椅及景观小品掩映在绿色的植物景观之中。

建在宾馆、酒店等的屋顶花园，已成为豪华宾馆招揽顾客，提供室外活动的特色场所，可以开办露天歌舞会、冷饮茶座等。这类屋顶花园因活动要求需摆放较多的设施，因而花园的布局应以简洁、开阔为主，保证有较大的活动空间，一般在场地的周边设置水景或精美的小品结合典雅的植物配置来设计建造，植物的选择以高档、芳香的种类为主（图 8-8）。

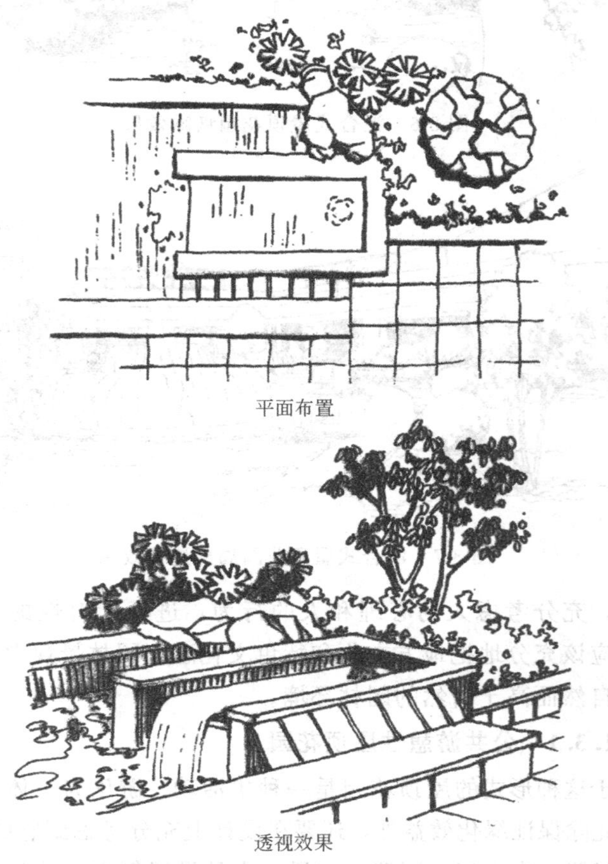

图 8-8 游憩性屋顶花园局部平面布置及透视效果

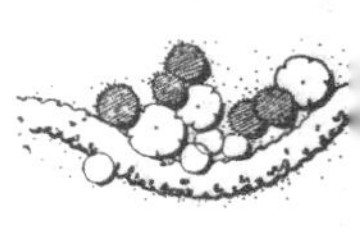

8.1.3.2 专用休闲式屋顶小花园植物配置

多层式阶梯式住宅公寓的出现，使屋顶花园进入了普通家庭。这类花园一般较少设置小品，主要以植物配置为主。由于该类花园面积较小，可以充分利用空间作垂直绿化，或进行一些趣味性种植，领略淳朴的田园景观氛围。具体方法可以选择在楼顶平台砌花池栽植浅根性花草，或搭建棚架种植葡萄、丝瓜、牵牛花等藤本植物，既可降低顶层温度，又提供了休闲场所。华南某些屋顶花园的廊架常爬满炮仗花丛，无花时犹如乡间茅舍充满田园情趣，开花时则繁花似锦，更丰富了建筑的色彩。

另一类专用休闲式屋顶小花园为公司写字楼的楼顶。这类小花园主要作为接待客人、洽谈业务、员工休息的场所，应结合布置精美小品（如小水景、小藤架，小凉亭等），或反映公司精神的微型雕塑、小型壁域等，有序种植一些较名贵的植物以衬托景观小品并提升景观品质（图 8-9）。

图 8-9 专用休闲式屋顶花园植物配置透视图

8.1.3.3 科研、生产用屋顶花园的植物配置

以科研、生产为目的的屋顶花园，可以设置小型温室，用于引种、培育珍奇植物品种以及观赏植物、盆栽瓜果，既有绿化效

益，又有一定的经济收入。这类花园的设置一般应有必要的养护设施，而且绿化区和人行道多为规则式布局，植物配置也应符合总体布局，形成规划的、整体有序的种植区或间隔设置的种植池（图 8-10）。

图 8-10 科研式屋顶花园植物配置透视图

8.2 其他类型立体绿化的植物配置

8.2.1 墙面绿化

只要条件允许，各种建筑物表面及墙体等都应进行垂直绿化。在墙体的两侧，可以栽植具有吸附、攀缘性质的植物，可起到遮阴、覆盖墙面、改善环境的作用，形成苍翠欲滴的绿色屏幕（图 8-11）。

粗糙质地的建筑墙面适宜用粗壮的藤本植物（如紫藤等）来美化，但对于质地细腻的瓷砖、马赛克及较精细的耐火砖墙等，则应选择纤细的攀缘植物（如扶芳藤、茑罗等）来美化。除进行普通的

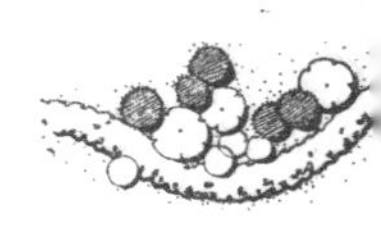

图 8-11 墙面绿化透视效果

墙面绿化之外，还可以进行一些特别的设计管理，使墙面绿化独具特色。如通过特殊的修剪及搭支架等辅助措施，使藤本植物按一定的方向及图案生长，成为美观的墙面艺术。

8.2.2 围栏绿化

城市环境中起防护或装饰作用的大量栏杆和围墙，也是立体绿化的一个重要组成部分。围栏根据使用目的的不同，其形式和植物配置的方法也不同。围栏一般包括精巧的铁艺围栏或朴拙的混凝土及木质栏杆，它们可用藤本月季、金银花、牵牛花等藤本植物来装饰。对于景观较好的庭院，一般会采用通透性较高的铁艺围栏以使游人能欣赏到园内的美丽景观，因此就不能有太多的植物阻挡人们的视线（图 8-12）。而对于较高围栏特别是混凝土围墙等，由于本身观赏性不高，所以应该应用较多的攀缘植物以起到有效的遮挡作用和装饰作用（图 8-13）。

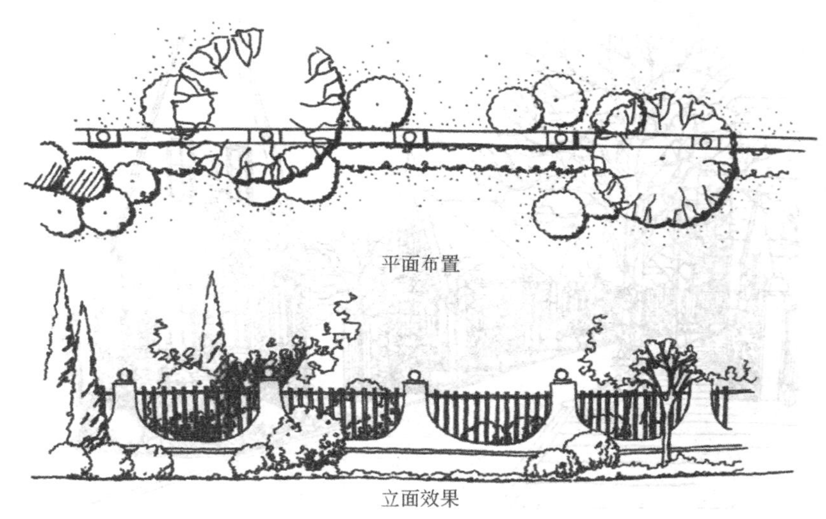

立面效果

图 8-12　围栏植物配置平面布置及立面效果

图 8-13　围墙植物配置立面效果

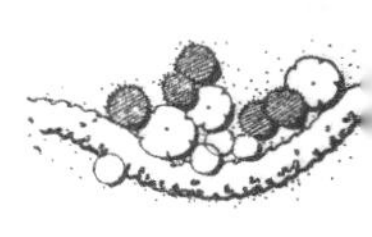

8.2.3 阳台绿化

阳台绿化不仅可以装饰建筑的外立面，美化环境增加绿量，更重要的是能在居室中营造一处舒适的绿化环境。绿化可以选择在窗台、阳台上设置简单的种植池及格架，栽植诸如牵牛花、绿萝之类姿态轻盈的藤本植物，或者在阳台上摆放盆栽的花卉植物。简洁的绿化就能营造浓浓绿意，体现出自然气息，形成舒适的绿色家居（图 8-14）。

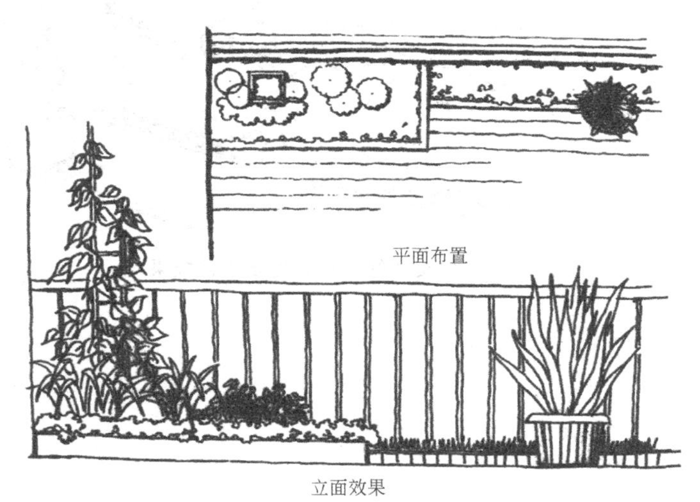

图 8-14 阳台绿化植物配置平面布置及立面效果

8.2.4 桥体、桥柱绿化

城市立体交通的发展产生了大量的立交桥，使桥体绿化成为立体绿化的另一个重要组成部分。在立交桥桥体两侧设置种植槽或垂挂吊篮，栽植一些地锦、扶芳藤等绿色爬蔓植物，不仅可以美化桥体，而且能增加绿视率，起到吸尘、降噪的作用；而在桥柱的周边，同样也以种植大量的攀缘植物使之攀爬其上，美化桥柱及桥体的同时增加了生态效益（图 8-15）。

图 8-15 立交桥绿化植物配置透视效果

参考文献

［1］ 曹瑞忻、汤重熹．景观设计［M］．北京：高等教育出版社，2008．

［2］ 刘福智．园林景观规划与设计［M］．北京：机械工业出版社，2007．

［3］ 陈月华、王晓红．植物景观设计［M］．长沙：国防科技大学出版社，2005．

［4］ 张金锋．绿化种植设计［M］．北京：机械工业出版社，2007．

［5］ 杨赉丽．城市园林绿地规划［M］．北京：中国林业出版社，2012．

［6］ 熊运海．园林植物造景［M］．北京：化学工业出版社，2009．

［7］ 高颖．园林植物造景设计［M］．天津：天津大学出版社，2011．

［8］ 董晓华．园林植物配置与造景［M］．北京：中国建材工业出版社，2013．